Knall und Schall

Physikalische & biologische Phänomene im Ohr beim Hören

Ein Schulbuch nicht nur für Schüler

Übrigens

Merksatz

Eselsbrücke

Bedeutung der Farben:

*Für den Einsteiger
(Orange)*

*Für den Fortgeschrittenen
(Grün)*

*Für den Spezialisten
(Blau)*

Ein paar Worte zum Inhalt

Was würde uns alles in einer Welt ohne Geräusche, ohne Sprache und Musik entgehen?

Wie entstehen die unterschiedlichen Töne, wie breiten sie sich aus und erreichen unser Ohr?

Wie hören wir eigentlich?

Kann uns zuviel Lärm krank machen und unser Gehör schädigen?

In diesem Buch soll auf diese und andere Fragen näher eingegangen werden. Es wird erklärt, wie Töne entstehen, wie sie übertragen werden und schließlich, wie unsere Ohren Töne wahrnehmen und verarbeiten können.

Die einzelnen Kapitel sind dreiteilig aufgebaut:
Zuerst erfolgt eine leicht verständliche allgemeine Darstellung der Thematik (orange gekennzeichnet).
Schon Kinder im Grundschulalter können dies verstehen.
Mit Grafiken und Bildern werden die Zusammenhänge veranschaulicht und anhand von Beispielen aus dem Alltag verdeutlicht.
„Eselsbrücken" und „Merksätze" sollen helfen, die Inhalte zu verstehen und kurz zusammenzufassen.

Im zweiten Abschnitt (grün gekennzeichnet) wird es dann ein wenig komplizierter – wir schauen uns die ersten Formeln und Grafiken an und beginnen die Thematik naturwissenschaftlich zu betrachten.

Der blau gekennzeichnete Abschnitt schließlich ist für den angehenden Spezialisten gedacht und solche, die es werden wollen.
Wer also den grünen Abschnitt verstanden hat, sollte sich ruhig auch an den blauen wagen und kann sodann als Fachmann ein Wörtchen mitreden.

Inhalt

		Seite
1.	**Physikalischer Teil**	4
1.1.	Was ist Schall?	4
1.2.	Schallentstehung	5
1.3.	Schallleitung / Schallausbreitung	10
1.4.	Die wichtigsten Kenngrößen einer Schallwelle	11
1.5.	Weitere wichtige physikalische Größen und Gesetze der Akustik	13
1.6.	Töne, Geräusche, Klänge und Knall	16
1.7.	Die wichtigsten Eigenschaften von Schallwellen	17
1.7.1.	Reflexion und Brechung	17
1.7.2.	Beugung	18
1.7.3.	Resonanz	19
1.7.4.	Absorption / Dämpfung	19
2.	**Biologischer Teil**	20
2.1.	Das Gehör und das Hören	20
2.2.	Der Hörvorgang	21
2.3.	Der Aufbau des Ohres	22
2.3.1.	Das Außenohr	22
2.3.2.	Das Mittelohr	26
2.3.3.	Das Innenohr	30
3.	**Störungen des Hörvorganges und Krankheiten des Ohres**	33
3.1.	Hörstörungen durch Störungen der Schallleitung	34
3.2.	Hörstörungen durch Störungen der Schallempfindung	36
3.3.	Kurzdarstellung – Was alles die Sinneszellen schädigen kann	39
4.	**Schutz vor Lärm**	40

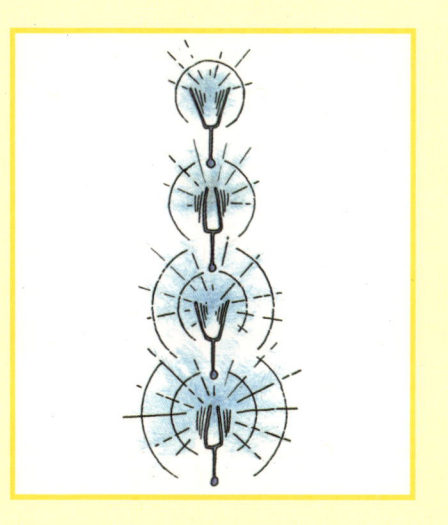

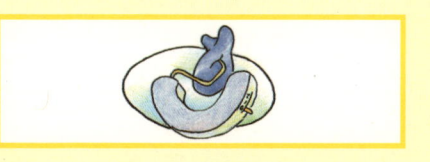

Die Lehre vom Schall heißt Akustik. Der Name Akustik tauchte erstmals im Jahre 1693 auf. Die ersten brauchbaren Angaben über die Schallgeschwindigkeit stammen von Isaac Newton (1643–1727).

Newton beschloss sein Lebenswerk mit den Worten: „Sein und Wissen ist ein uferloses Meer: Je weiter wir vordringen, umso unermesslicher dehnt sich aus, was noch vor uns liegt; jeder Triumph des Wissens schließt hundert Bekenntnisse des Nichtwissens in sich."

Bereits in der Antike war die Entstehung des Schalls als Folge von Schwingungen eines Körpers bekannt. Grundlegende Erkenntnisse akustischer Phänomene wurden ebenso eindrucks- wie wirkungsvoll beim Theaterbau berücksichtigt.

1. Physikalischer Teil

1.1. Was ist Schall?

Die Antwort auf die Frage: „Was ist Schall?" scheint einfach. Alles was wir hören können ist Schall. Aber Schall ist noch viel mehr, denn es gibt auch Schall, den wir Menschen nicht hören können – wohl aber bestimmte Tiere. Fledermäuse und Elefanten z. B. können sehr viel höhere bzw. tiefere Töne wahrnehmen als der Mensch. Und letztendlich gibt es auch Schall, den selbst die Fledermäuse und Elefanten nicht mehr hören können. Mehr dazu auf Seite 9.

Alles was wir als Töne, Musik oder Geräusche wahrnehmen, sind winzige Luftdruckschwankungen, die auf unser Trommelfell wirken. (Hierzu mehr im Kapitel 2.2 Hörvorgang). Diese Schwankungen des Luftdruckes sind jedoch verglichen mit den Luftdruckschwankungen des Wetters sehr gering: Der Schalldruck, der z. B. bei einem Gespräch an das Trommelfell dringt, beträgt weniger als ein Millionstel des normalen Luftdrucks.

Die Luftdruckschwankungen des Wetters gehen im Gegensatz zu dem uns hörbaren Schall sehr langsam vor sich und werden im Ohr (siehe Hörvorgang) ausgeglichen. Darum rufen sie im Ohr keinen Höreindruck hervor. Das ist der Grund, warum wir das Wetter nicht hören.

Alle Töne und Geräusche die wir hören sind also sehr schnelle Schwankungen des Luftdruckes, d.h. höhere und niedrigere Luftdrücke wechseln sich in Folge ab und breiten sich im Raum wellenförmig aus.

Damit Schall entstehen und sich ausbreiten kann, bedarf es einer Schallquelle – das Zentrum der Erregung – und eines elastischen Mediums, in dem sich der Schall fortpflanzen kann, dem Schallleiter.

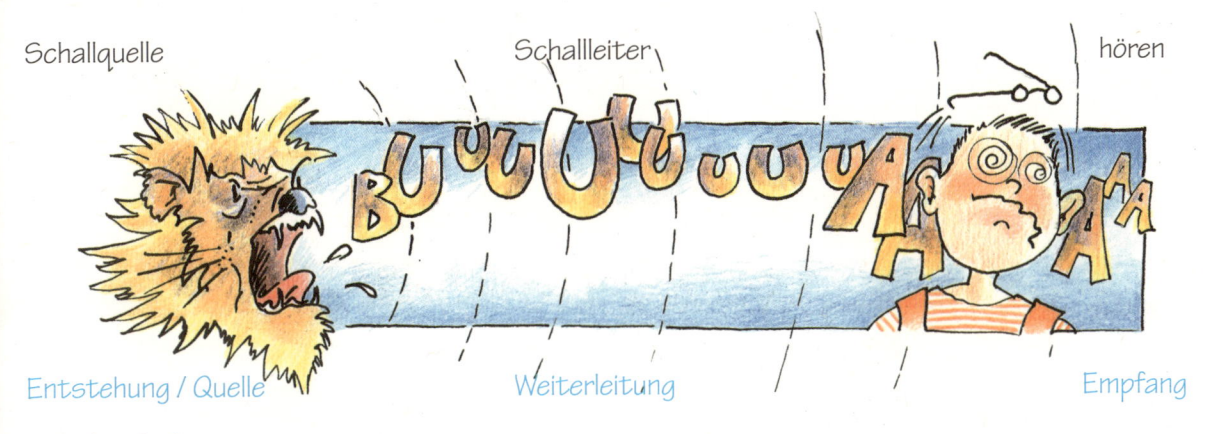

Schallquelle — Schallleiter — hören

Entstehung / Quelle — Weiterleitung — Empfang

Vergleiche!

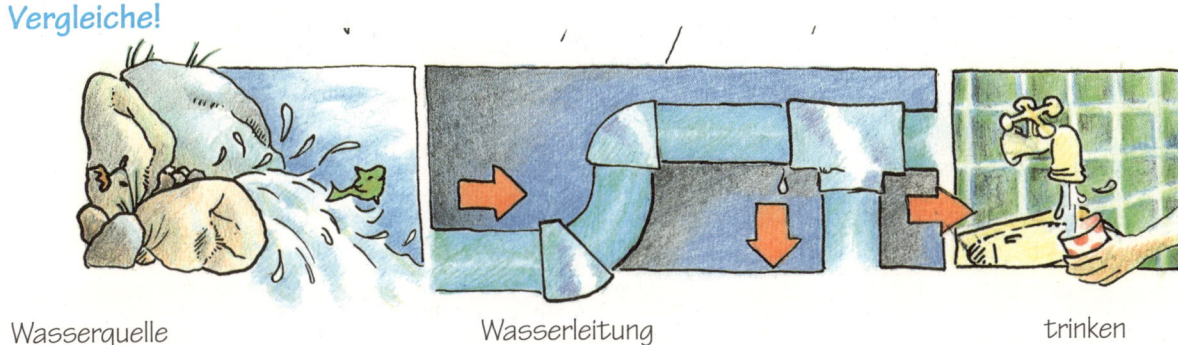

Wasserquelle — Wasserleitung — trinken

1.2. Schallentstehung

Schall ist eine Form von Energie und entsteht immer dann, wenn ein Körper schwingt.
Die Gitarrensaite schwingt, wenn sie angezupft wird, die Stimmbänder schwingen beim Sprechen und auch die Membran der Trommel gerät in Schwingungen, wenn man darauf schlägt.

Der Vollständigkeit halber sei erwähnt, dass natürlich nicht nur schwingende Festkörper (z. B. Gitarrensaite), sondern auch schwingende Flüssigkeiten oder Gasvolumina z. B. Luft (Flöte) Schallquellen sein können.
Außer in Luft können sich die Schallwellen auch in Festkörpern und in Flüssigkeiten ausbreiten und dann als Luftschall wieder abgestrahlt werden und auf unser Gehör einwirken.
Im Folgenden wollen wir uns aber nur mit dem Luftschall beschäftigen, da das Ohr als Empfänger von Luftschallwellen vorgesehen ist.

Alexander Graham Bell (1847–1922) gilt als der Erfinder des Telefons (dem deutschen Lehrer Phillip Reis gelang jedoch schon zuvor die erste Übertragung der menschlichen Stimme auf elektronischem Weg).

Herrn Bell zur Ehre wurde als Maßeinheit für den Schalldruck der Schalldruckpegel, ausgedrückt in Dezibel [dB], eingeführt.

Schallquelle: Alles was schwingt, erzeugt Schall

Schallleiter: Medium, das den Schall räumlich weiterleitet z. B. Luft, Wasser, Holz, Stahl

Der Pfeifton des Fernsehbildschirms (Ton abgedreht) hat etwa eine Frequenz von 15.750 Hz. Das Zeitzeichen liegt bei einer Frequenz von 1.000 Hz.

Unter den Musikinstrumenten besitzt die Kirchenorgel den größten Tonumfang von 16 Hz bis zu 8.000 Hz, je nach Größe der Orgelpfeifen.

Nicht alle Schwingungen können von unseren Ohren wahrgenommen werden. Die meisten Geräusche bleiben unseren Ohren verborgen, weil sie zu tief, zu hoch oder zu leise sind.
Schaukelt z. B. ein Kind, so können wir zwar deutlich die Schwingungen mit unseren Augen wahrnehmen, aber wir hören keinen Ton.
Warum? Das Kind schwingt zu langsam!

Nur Schallquellen, die in einem bestimmten Bereich von Schwingungsgeschwindigkeiten (Schallschnelle) schwingen, können wir auch hören. Mindestens 20 und höchstens 20.000 mal muss ein Körper innerhalb einer Sekunde schwingen, um einen für den Menschen hörbaren Ton zu erzeugen.
Die Anzahl der Schwingungen, die ein Körper (z. B. die Gitarrensaite) innerhalb einer Sekunde ausführt, bestimmt die Tonhöhe und wird als Frequenz bezeichnet.
Die Einheit wird mit Hertz [Hz] (1 Hz = 1/s) angegeben. Eine Gitarrensaite, die z. B. 440 mal pro Sekunde schwingt, hat demnach eine Frequenz von 440 Hz. Dieser Ton wird auch als Kammerton „A" bezeichnet und zum Stimmen von Instrumenten (Stimmgabel) benutzt.

Je schneller etwas schwingt, desto höher ist die Frequenz und umso höher ist der Ton. Umgekehrt gilt, je langsamer etwas schwingt, desto niedriger ist die Frequenz und umso tiefer ist der Ton.

Die Lautstärke des Schalls hängt davon ab, wie kräftig etwas schwingt, d.h. wie groß die Auslenkung (Amplitude) der Schwingung um ihre Ruhelage ist.
Zupfen wir die Gitarrensaite leicht an, schwingt sie nur zart und wir hören einen leisen Ton.
Schlagen wir dagegen kräftig in die Saiten, schwingen diese viel stärker und wir hören laute Töne.

Je stärker ein Körper schwingt, d. h. je größer die Schwingungsauslenkung ist, desto lauter ist der erzeugte Ton.

Der Mensch hat viele Musikinstrumente erfunden. Bereits in der Steinzeit gab es Flöten aus Röhrenknochen mit mehreren Grifflöchern.
Alle verschiedenen Musikinstrumente haben eine Gemeinsamkeit: ein schwingender Körper erzeugt den Schall. Gong, Glocke, Triangel, Becken bringen den Schall hervor, indem die Körper als Ganzes schwingen. Bei Trommeln und Pauken schwingen Membranen, bei den Saiteninstrumenten wie Harfe, Violine, Cello oder Gitarre werden die Saiten zum Schwingen gebracht. Schwingende Luftsäulen findet man bei den Blasinstrumenten wie z. B. Flöte, Posaune, Trompete oder Klarinette.

Im Folgenden wollen wir uns mit der Tonerzeugung bei den Saiten- und den Blasinstrumenten näher beschäftigen.

Schwingende Saiten

Zupfen wir bei einer Gitarre eine Saite an, so beginnt sie zu schwingen, und wir hören einen Ton, dessen Lautstärke allmählich abklingt. (Genaugenommen, handelt es sich um einen Klang vgl. S. 16 – es soll aber in diesem Abschnitt in Anlehnung an den Sprachgebrauch innerhalb der Musik vereinfachend von Tönen gesprochen werden).

Um unterschiedliche Töne auf der Gitarre zu erzeugen haben wir drei grundlegende Möglichkeiten:
1. Auf dem Griffbrett der Gitarre befinden sich Stege. Durch das Greifen auf dem Gitarrenhals in den verschiedenen Bünden, d.h. durch das Verkürzen der Saite verändert sich die Tonhöhe.
2. Durch die Wirbel kann die Spannung der Gitarrensaiten und damit ihre Tonhöhe beeinflusst werden. Mit Hilfe dieser Wirbel wird die Gitarre „gestimmt".
3. Auf der Gitarre sind sechs verschieden dicke Saiten aufgezogen. Alle Saiten erzeugen unterschiedlich hohe Töne.

Nach dem Ausprobieren der verschiedenen Möglichkeiten haben wir erkannt:

Der Ton ist umso höher, je kürzer die Saitenlänge und umso tiefer, je länger die Saitenlänge ist.

Der Ton ist umso höher, je größer die Saitenspannung ist.

Der Ton ist umso tiefer, je größer die Masse der Saite (je dicker) unter sonst gleichen Bedingungen ist.

Wir merken uns: kurze und dünne Saiten können schneller schwingen als lange oder dicke Saiten, weil sie aufgrund ihrer geringeren Masse weniger träge sind.

Bei Jungen wachsen die Stimmbänder während des Stimmbruchs. Die Stimme wird tiefer.

Pythagoras hat erkannt, dass Wohlklänge entstehen, wenn man Saiten anschlägt, deren Längen in ganzzahligen Verhältnissen zueinander stehen.
Bei einem Oktavsprung ist dieses Verhältnis 1:2

Vergleiche die Hörbereiche von Mensch und Tieren

Mensch
20 Hz–20.000 Hz

Elefant
1 Hz–20.000 Hz

Katze
65 Hz–75.000 Hz

Fledermaus
1.000 Hz–150.000 Hz

Dieses physikalische Phänomen kennen wir schon aus unserer Erfahrung mit Insekten. Die kleine, zarte Mücke erzeugt beim Fliegen einen viel höheren Ton, als die ihr gegenüber große, dicke Hummel.

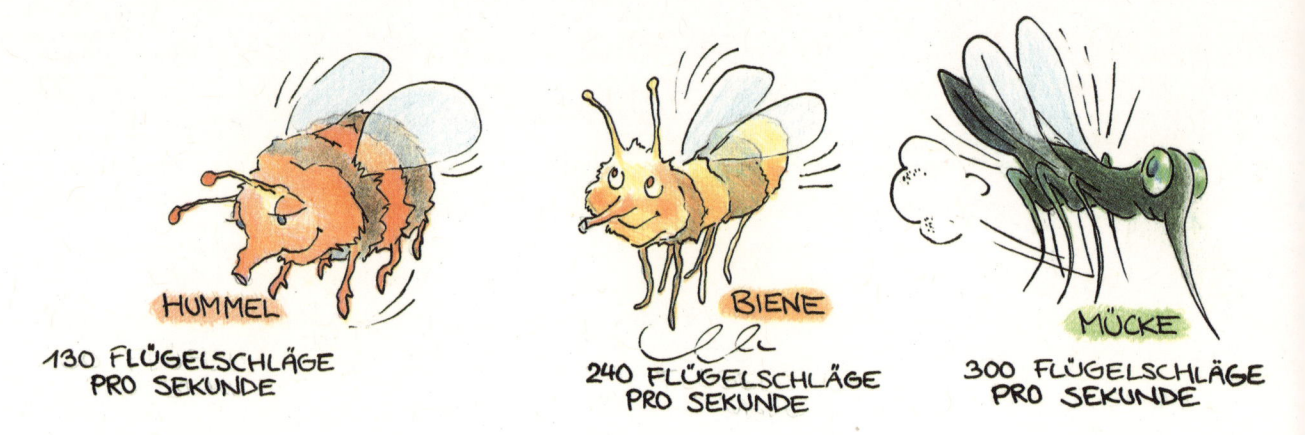

HUMMEL — 130 FLÜGELSCHLÄGE PRO SEKUNDE

BIENE — 240 FLÜGELSCHLÄGE PRO SEKUNDE

MÜCKE — 300 FLÜGELSCHLÄGE PRO SEKUNDE

Tonerzeugung bei Blasinstrumenten

Alle Blasinstrumente bestehen aus einer hohlen Röhre mit einem Mundstück. Bläst man Luft hinein, wird die Luft im Inneren der Röhre in Schwingungen versetzt und das Instrument klingt. Die Tonhöhe hängt von der Länge des Rohres und somit vom Schwingungsraum der Luft innerhalb der Flöte ab.
Bei der Flöte kann man den Schwingungsraum durch das Öffnen und Schließen der Löcher beeinflussen. Der tiefste Ton entsteht, wenn man alle Löcher zuhält, denn dann hat die Luft, die ganze Länge der Flöte zur Verfügung.

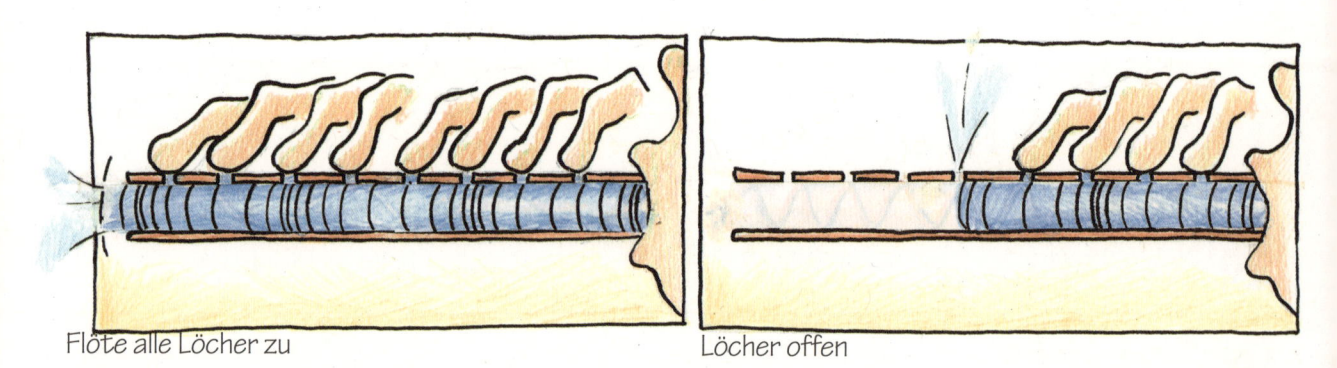

Flöte alle Löcher zu — Löcher offen

Hält man gar kein Loch zu, endet der Schwingungsraum bei dem ersten offenen Loch und ist dementsprechend kleiner. Die Luft in der Röhre schwingt schneller und der Ton wird höher – ähnlich wie bei der Gitarrensaite.*

---

* In der Flöte werden stehende Wellen erzeugt. Bei offenen Pfeifen (Flöte) entspricht die Wellenlänge des Grundtones dem vierfachen der Flötenlänge. Zur besseren Anschaulichkeit ist im Bild statt des Grundtones ein Oberton mit kürzerer Wellenlänge (höhere Frequenz) dargestellt.
  Als Bildvorlage dienten die Abbildungen aus „Was ist Was", Band 28, „Die Welt des Schalls", Tessloff Verlag, 1979.

Ein Almhorn oder eine Basstuba (langes Rohr) erzeugen demnach viel tiefere Töne als eine kleine Piccoloflöte.

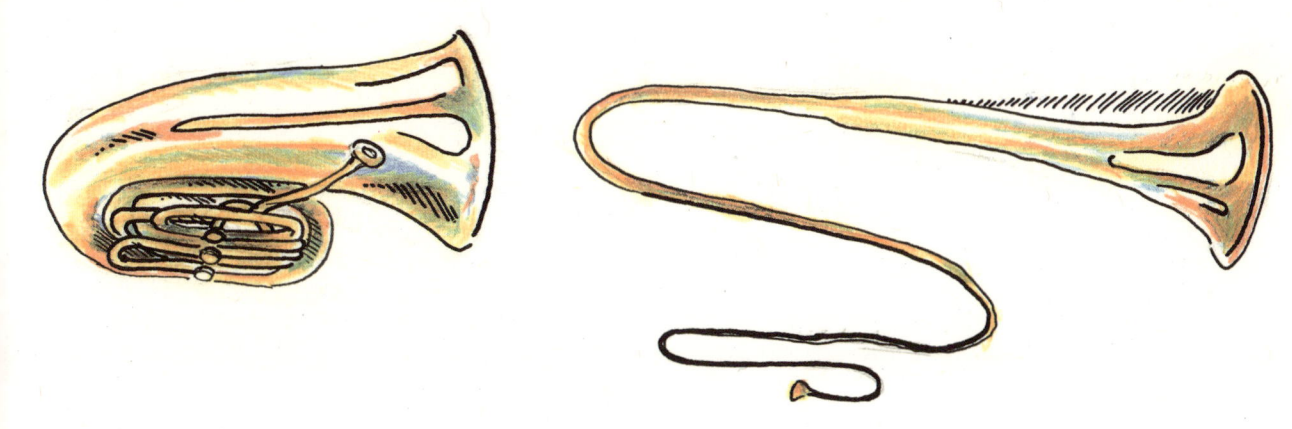

Auseinander gewickelt wäre die Basstuba fast 14 Meter lang.

Der Mensch kann nur die Töne hören, die im Frequenzbereich zwischen ca. 20 Hz und 20.000 Hz liegen. Dieser Bereich wird auch als Hörbereich bezeichnet.
Ab einer bestimmten Intensität spüren wir tieffrequenten Schall über unserem Körper - besonders über Bauch und Brustkorb. Aus der Diskothek kennt man dieses Phänomen beim Empfinden der tiefen Bässe im Bauch; aber auch Erdbeben oder ähnliche Erschütterungen nehmen wir über unseren Körper wahr.
Die tiefen Töne unterhalb unserer Hörgrenze von 20 Hz werden als Infraschall bezeichnet. Elefanten z. B. können noch tiefere Töne hören als der Mensch.
Töne oberhalb von 20.000 Hz hören wir nicht mehr. Dieser Schall wird als Ultraschall bezeichnet. Fledermäuse orientieren sich weit oberhalb unserer Hörgrenze im Ultraschallbereich mittels Echolot.

Hund
15 Hz–40.000 Hz

Delfin
150 Hz–200.000 Hz

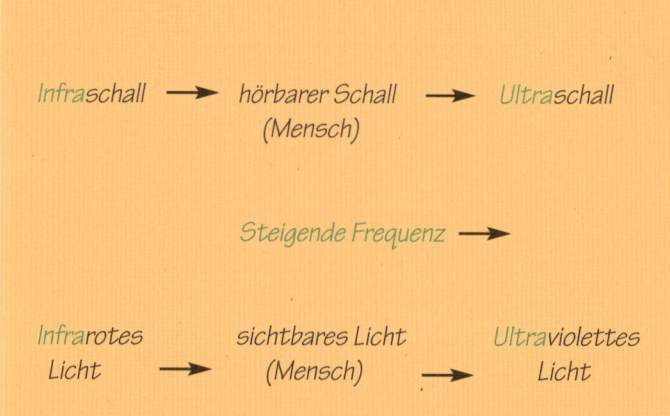

Infraschall → hörbarer Schall → *Ultraschall*
(Mensch)

Steigende Frequenz →

Infrarotes Licht → sichtbares Licht → *Ultraviolettes Licht*
(Mensch)

Die Ausbreitungsgeschwindigkeit ist abhängig von der Art und der Temperatur des Mediums, durch das die Schallwelle läuft.

Luft: 320 m/s (-20°C); 332 m/s (0°C); 344 m/s (20°C)
Wasser: 1.407 m/s (0°C); 1.484 m/s (20°C)
Holz (Eiche): 3.380 m/s
Ziegelstein: 3.500 m/s
Aluminium: 5.100 m/s

Damit Schall sich ausbreiten kann, ist ein elastisches Medium nötig.
Daher ist im Vakuum keine Schallleitung möglich. Elektromagnetische Wellen dagegen (z. B. Röntgenstrahlen) können sich auch im Vakuum ausbreiten.

1.3. Schallleitung – Schallausbreitung

Steht eine Schallquelle mit einem elastischen Medium, z. B. Luft in Verbindung, so überträgt sie ihre Schwingungen auf das sie umgebende Medium, im Falle der Luft auf die Luftmoleküle. Damit wird der Gleichgewichtszustand der umgebenden Luft gestört, da die Moleküle der Umgebungsluft mechanisch ausgelenkt wurden. Die angeregten Luftmoleküle übertragen ihre Schwingungen wiederum auf ihre Nachbarmoleküle.
Wie bei einem Dominoeffekt wird eine Wellenbewegung ausgelöst, wenn ein Luftmolekül das nächste in Bewegung setzt. Die Bewegung pflanzt sich auf diese Weise zu den benachbarten Luftmolekülen, die weiter von der Quelle entfernt sind, im ganzen Raum fort.

Am Beispiel einer Stimmgabel ist dieser Vorgang leicht zu verstehen. Nach dem Anschlagen wird bei der Bewegung der Gabelzinken nach außen die Luft kurzzeitig komprimiert. Diese Verdichtung der Molekülabstände verursacht einen Luftdruckanstieg gegenüber dem schon vorhandenen atmosphärischen Luftdruck. Wenn sich die Zinken zurückbewegen, lassen sie dagegen ein Gebiet niedrigen Drucks zurück (Verdünnung) und immer so weiter bis zum Stillstand der Zinken. Die periodische Folge von Verdichtung und Verdünnung breitet sich dann als Druckstörung durch die Luft im Raum aus, ohne dass sich die einzelnen Moleküle vom Platz bewegen müssen.
Auf diese Weise entstehen Luftdruckschwankungen, die dem schon vorhandenen atmosphärischen Luftdruck überlagert sind. Wenn diese Wechseldruckschwankungen wahrgenommen werden können, spricht man von Hörschall. Da sich dieser Vorgang wellenförmig ausbreitet, spricht man von einer Schallwelle.

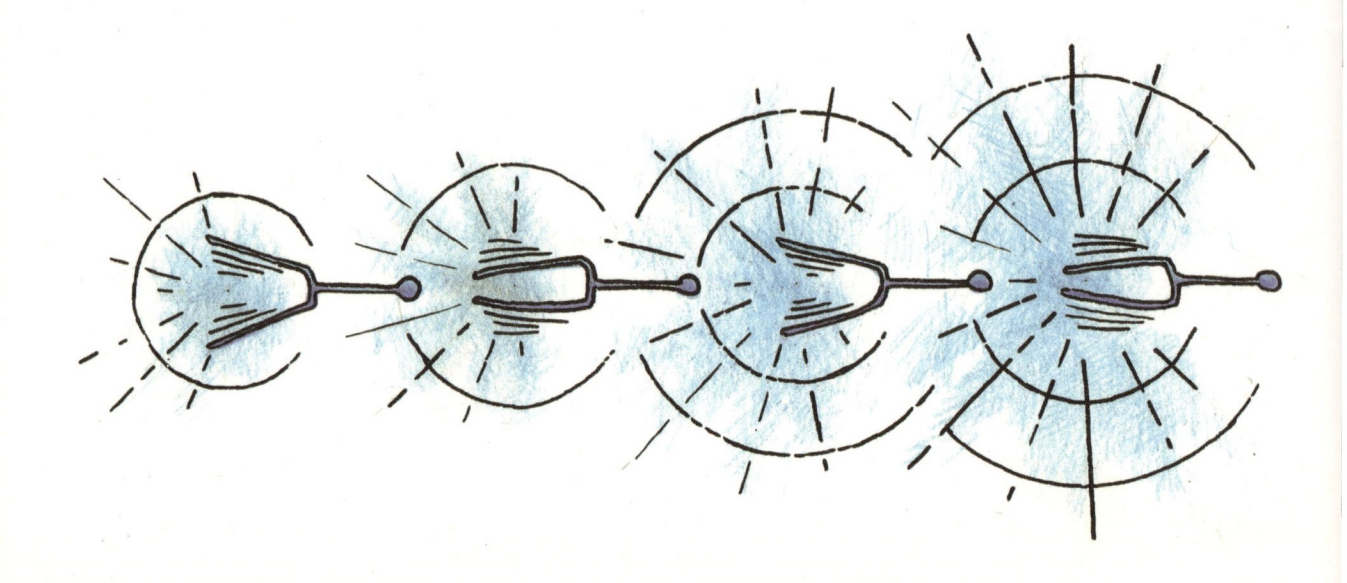

1.4. Die wichtigsten Kenngrößen einer Schallwelle

Schallwellen gehören zu den mechanischen Wellen. Diese sind immer an den Schwingungszustand von Materieteilchen gebunden. Hierbei schwingt jedes Teilchen um seine Ruhelage, lediglich der Schwingungszustand pflanzt sich fort. Wellen werden unter anderem danach unterschieden, wie die Schwingungsrichtung zur Ausbreitungsrichtung verläuft.

Transversalwellen: Werden auch als Querwellen bezeichnet. Es sind Wellen, bei denen die Schwingungsteilchen senkrecht zur Richtung der Energiefortpflanzung schwingen, z. B. Wasserwellen und alle elektromagnetischen Wellen.

WASSERWELLEN SIND QUERWELLEN

Schwingungsteilchen in der Ausbreitungsrichtung schwingen. Es handelt sich dabei um raumzeitlich periodische Verdichtungen und Verdünnungen; z. B. Schallwellen, die sich in der Luft ausbreiten.

SCHALLWELLEN in der Luft SIND LÄNGSWELLEN

Amplitude y max: beschreibt die maximale Auslenkung der Schwingungsteilchen um ihre Ruhelage.
Je größer sie ist, desto mehr Energie transportiert die Welle und umso höher ist die Lautstärke.

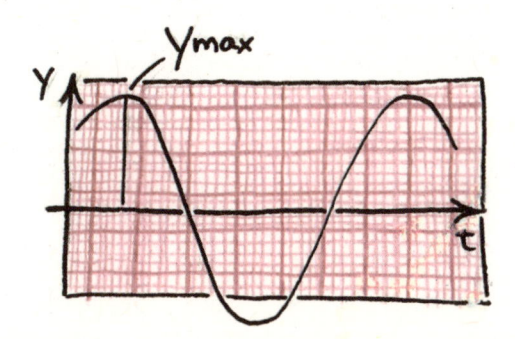

Alle Wellen transportieren Energie von einer Quelle ausgehend in die Umgebung, ohne dabei Materie zu transportieren. Die Energie kann so groß sein, dass Mauern oder Häuser Risse bekommen.

Die Bibel berichtet, dass die uneinnehmbaren Stadtmauern von Jericho zusammenbrachen, als die israelitischen Priester und Soldaten die Posaunen ertönen ließen und das Feldgeschrei begannen.

Es gibt zwei Hauptarten von Wellen:
1. mechanische Wellen (z. B. Schallwellen)
2. elektromagnetische Wellen (z. B. Röntgenstrahlen)

Bei mechanischen Wellen schwingen Moleküle, bei elektromagnetischen Wellen sind es elektrische und magnetische Felder.

Eine Verdopplung der Frequenz wird als Oktave oder Oktavsprung bezeichnet.

Wir hören Frequenzen von ca. 20 Hz bis ca. 20.000 Hz.

Diesen Bereich kann man in 10 Oktavstufen einteilen:
16, 31.5, 63, 125, 250, 500, 1000, 2000, 4000, 8000, 16000 (Mittenfrequenzen beim Oktavfilter des Schallpegelmessers)

Teilt man den Bereich zwischen 20 Hz und 20.000 Hz linear, so liegt die Vermutung nahe, dass die Mitte unseres Tonhöheempfindens bei 10.000 Hz läge.
Das ist jedoch falsch, da oberhalb 10.000 Hz nur noch eine Oktave hörbar ist. Die Mitte liegt vielmehr bei ca. 640 Hz.

Ausbreitungsgeschwindigkeit (v): beschreibt den Weg, den eine Welle pro Sekunde zurücklegt. Sie ist abhängig vom Medium, durch das die Welle läuft.

$$\text{Ausbreitungsgeschwindigkeit} = \text{Weg} / \text{Zeit} \qquad n = s/t$$

Periodendauer (T): ist die Zeitdauer einer vollen Schwingung
Einheit: Sekunde [s]

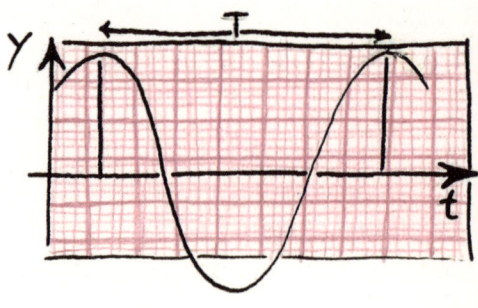

Frequenz (f): ist die Zahl der Schwingungen, die bei einer laufenden Welle pro Sekunde an einem Punkt vorbeikommen.
Einheit: Hz (Hertz). Die Frequenz ist der Kehrwert der Periodendauer.

$$f = n/t \qquad n = \text{Anzahl der Schwingungen}; \qquad t = \text{Zeit für n Schwingungen}$$

$$f = 1/T \qquad 1Hz = 1/s \quad \text{weitere Einheiten: } 1kHz = 10^3 \text{ Hz}, \; 1MHz = 10^6 \text{ Hz}, \; 1GHz = 10^9 \text{ Hz}$$

Unser Gehör kann Schwingungen mit Frequenzen von ca. 20 Hz bis 20 kHz wahrnehmen. Am besten kann das menschliche Gehör im Frequenzbereich zwischen 1.000 Hz und 4.000 Hz hören. Diese Frequenzen sind für die Sprachverständlichkeit wichtig.
Schwingungen mit großer Frequenz empfinden wir als hohe Töne, solche mit tiefer Frequenz als tiefe Töne. Je größer die Frequenz einer Welle ist, desto kleiner ist ihre Wellenlänge und umgekehrt. Beide Größen sind einander umgekehrt proportional. Es gilt:

$$v = f \cdot \lambda \qquad v = \text{Schallgeschwindigkeit}; \qquad f = \text{Frequenz}; \qquad \lambda = \text{Wellenlänge}$$

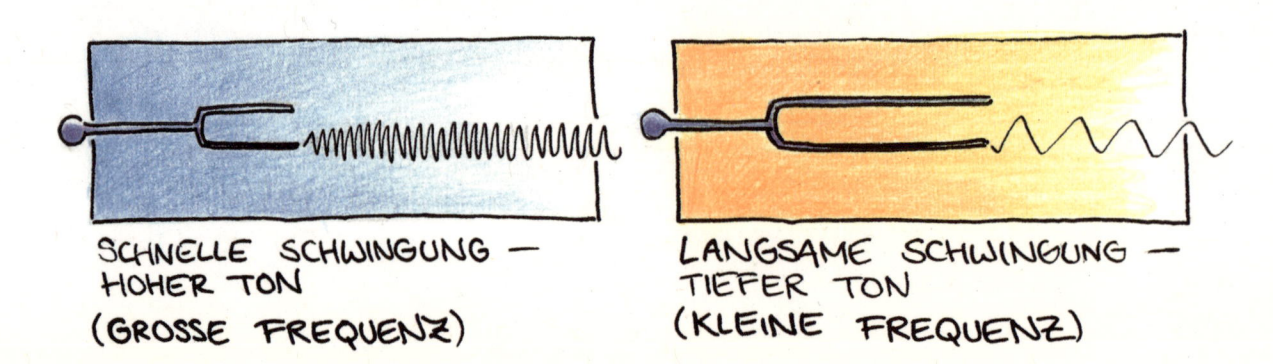

SCHNELLE SCHWINGUNG — HOHER TON (GROSSE FREQUENZ)

LANGSAME SCHWINGUNG — TIEFER TON (KLEINE FREQUENZ)

Wellenlänge (λ): Ist der Abstand zwischen zwei aufeinander folgenden Punkten (Gebieten) gleichen Schwingungszustandes einer Welle.

Phase: Zwei Wellen sind in Phase, wenn sie die gleiche Frequenz haben und zur selben Zeit entsprechende Schwingungszustände (etwa eine Verdichtung) durchlaufen.

Verdichtung: Gebiete entlang einer Longitudinalwelle, in der die Dichte der Moleküle höher ist, als im Ruhezustand des Mediums (keine Störung).

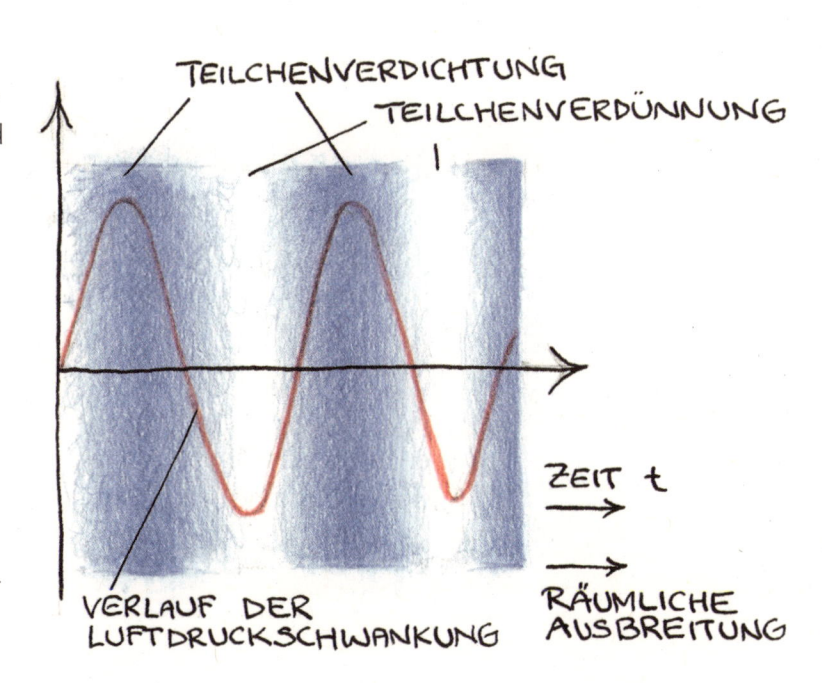

Verdünnung: Gebiete entlang einer Longitudinalwelle, wo die Dichte der Moleküle niedriger ist, als im ungestörten Zustand des Mediums.

1.5. Weitere wichtige physikalische Größen und Gesetze der Akustik

Schall geht von Schallquellen aus und breitet sich im umgebenden Medium aus. Man kann sich eine Schallquelle auch als Schallsender vorstellen, analog einem Rundfunksender. Damit ein Sender Wellen abstrahlt, muss ihm Energie zugeführt werden. Analog muss man einer Schallquelle Energie zuführen, damit sie Schallwellen aussendet.
Den Rundfunkhörer interessiert nun, mit welcher Stärke die Wellen bei seiner Antenne ankommen. Dieses Maß wird durch die **Schallintensität** beschrieben. Sie gibt die Leistung an, die durch eine 1 m² große Fläche, die senkrecht zur Fortpflanzungsrichtung steht, hindurchtritt. Da die Schallleistung in Watt gemessen wird, ist die Einheit für die Schallintensität 1 W/m².

Schallpegel in unserer Umwelt

Bildbeispiel:

Addition von Schalldruckpegeln

EINE GITARRE — 60 dB

ZWEI GITARREN — 63 dB

ZEHN GITARREN — 70 dB

1 W/m² ist jedoch schon so laut, dass diese Intensität an der Grenze der Schmerzempfindung (Schmerzschwelle) liegt. Die kleinste hörbare Schallintensität (Hörschwelle) liegt bei etwa 10−12 W/m². **Dies entspricht einem Schalldruck von 20 µPa (20 · 10⁻⁶ Pa) an der Hörschwelle und einem Schalldruck von etwa 20 Pa an der Schmerzschwelle.**

Unser Gehör erstreckt sich also über einen außerordentlich großen Schalldruckbereich von 1:1.000.000. Eine lineare Skala (in Pa) würde demzufolge bei der Messung von Schall zu großen und „unhandlichen" Zahlen führen. Da das Ohr eher logarithmisch als linear auf Reize reagiert, ist es naheliegend, akustische Größen als logarithmisches Verhältnis eines Messwertes zu einem Bezugswert anzugeben. Solche logarithmischen Maße werden in Dezibel (Abkürzung: dB) ausgedrückt.

Der Schalldruckpegel ist ein logarithmisches Maß und gibt an, um wie viel stärker die gemessene als die gerade noch wahrnehmbare Schallintensität ist. Die Maßangabe erfolgt in Dezibel [dB].
Der leiseste noch hörbare Ton entspricht 0 dB (Hörschwelle) und die Schmerzschwelle liegt, abhängig von der individuellen Empfindlichkeit bei 120–130 dB.

Die dB Skala sorgt also für „handlichere" Zahlen.

Der Tribut, den man aber für diese Handlichkeit in Kauf nehmen muss, besteht darin, dass man bei mehreren Schallquellen den Gesamtschalldruckpegel nicht mehr nach den gängigen Subtraktions- und Additionsregeln intuitiv berechnen kann, sondern die Rechenregeln des Logarithmus beachten muss.

Für die Berechnung mit Schalldruckpegeln gelten folgende Rechenregeln:

Bei einer Verdoppelung/Halbierung des Schalldruckes steigt/vermindert sich der Schalldruckpegel um 6 dB.

Eine Verzehnfachung des Schalldruckes führt zu einer Anhebung des Schalldruckpegels um 20 dB.

Da Schalldruck und Schallenergie (bzw. Schallintensität) proportional zueinander sind ($I \sim p^2$), gilt:

Bei einer Verdoppelung/Halbierung der Schallintensität steigt/vermindert sich der Schalldruckpegel um 3 dB.

Eine Verzehnfachung der Schallintensität führt somit zu einer Anhebung des Schalldruckpegels um 10 dB.

Ein Beispiel:

Zwei gleich laute Schallquellen (doppelte Intensität) erzeugen zusammen einen um 3 dB höheren Schalldruckpegel.

Aus Experimenten ist andererseits bekannt, dass ein um 10 dB höherer Schalldruckpegel doppelt so laut empfunden wird. Im Alltag spricht man übrigens oft von Schallpegeln, wenn Schalldruckpegel gemeint sind.

Die dB(A) – Bewertung

Wie laut wir einen Schall empfinden, hängt in erster Linie vom Schalldruckpegel ab. Mit steigendem Schalldruckpegel empfinden wir einen Schall als zunehmend lauter. Zusätzlich beeinflusst aber auch die Frequenz die empfundene Lautstärke, denn unser Gehör ist nicht bei allen Tonhöhen (Frequenzen) gleich empfindlich. Sehr hohe Töne oder auch sehr tiefe Töne, kann der Mensch erst bei höheren Schallpegeln wahrnehmen, als z. B. Töne im empfindlichsten Frequenzbereich bei ca. 4.000 Hz. Um die Messung von Schall unserem Gehör anzupassen, wurde das sogenannte A-Filter bei der Schallmessung eingeführt. Entsprechend der Empfindlichkeit des Ohres werden tiefe und sehr hohe Frequenzen bei der Messung abgeschwächt. Der so ermittelte Messwert stimmt eher mit unseren Hörempfindungen überein.

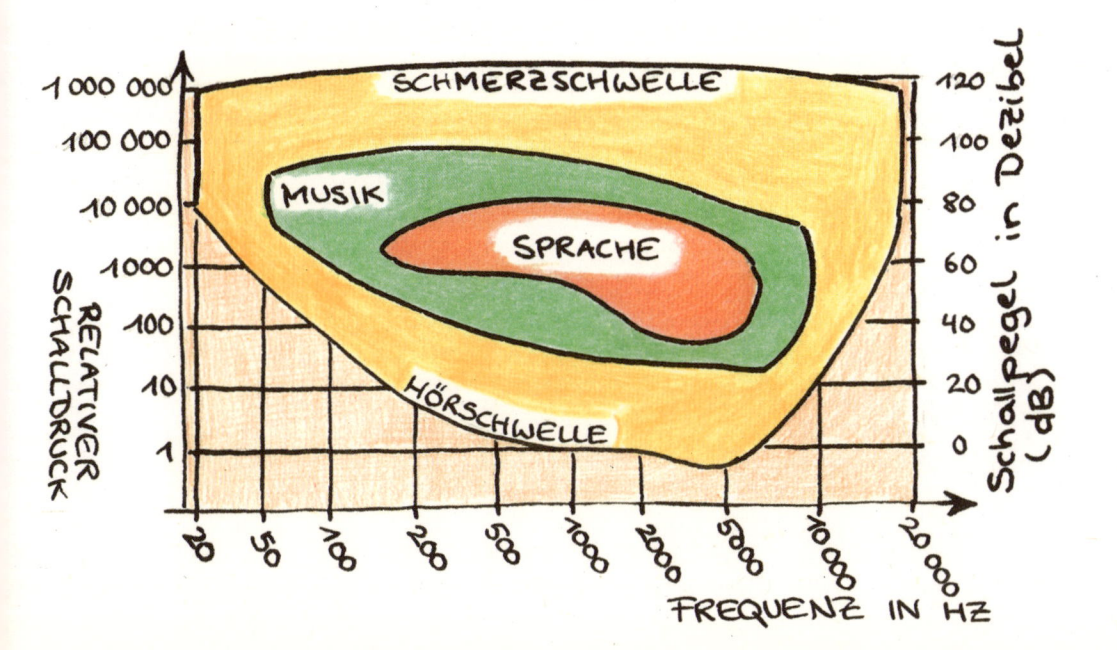

Messen von Schall

Die Messung mit dem A-Filter ist ein gängiges Messverfahren, um Geräusche jeder Art zu messen. Dies können Umweltgeräusche (z. B. Verkehrslärm), Arbeitsplatzgeräusche (z. B. Maschinen) oder Freizeitgeräusche (z. B. Musik) sein.

Die Töne C (264 Hz), E (330 Hz) und G (396 Hz) bilden eine Harmonie (Dreiklang). Wenn man diese Frequenzen durch den gemeinsamen Divisor 66 teilt, entsteht das Verhältnis 4:5:6.

Der „Oberton" macht die Musik.

1.6. Töne, Geräusche, Klänge und Knall

Ton: Ein reiner Ton enthält nur eine ganz bestimmte Frequenz. Die Schwingung in Abhängigkeit von der Zeit verläuft periodisch und sinusförmig.

Klang: Wenn zwei oder mehrere Töne gleichzeitig erklingen und einen angenehmen Höreindruck erzeugen, sprechen wir von einem harmonischen Klang. Ist der Höreindruck uns unangenehm, bezeichnen wir ihn als Dissonanz. Eine Harmonie im musikalischen Sinn entsteht, wenn die Frequenzen der gleichzeitig erklingenden Töne im ganzzahligen Verhältnis stehen. Die Schwingungen in Abhängigkeit von der Zeit verlaufen periodisch aber nicht sinusförmig.

Geräusch: Geräusche sind regellose (nicht sinusförmige oder periodische Schallvorgänge), die sich aus unterschiedlichen Frequenzen und Schallpegel-Amplituden zusammensetzen (z. B. Schallkulisse in einer vollen Gaststätte).

Knall: Ein Knall beschreibt ein Schallereignis mit hohem Spitzenpegel und sehr kurzer Zeitdauer.

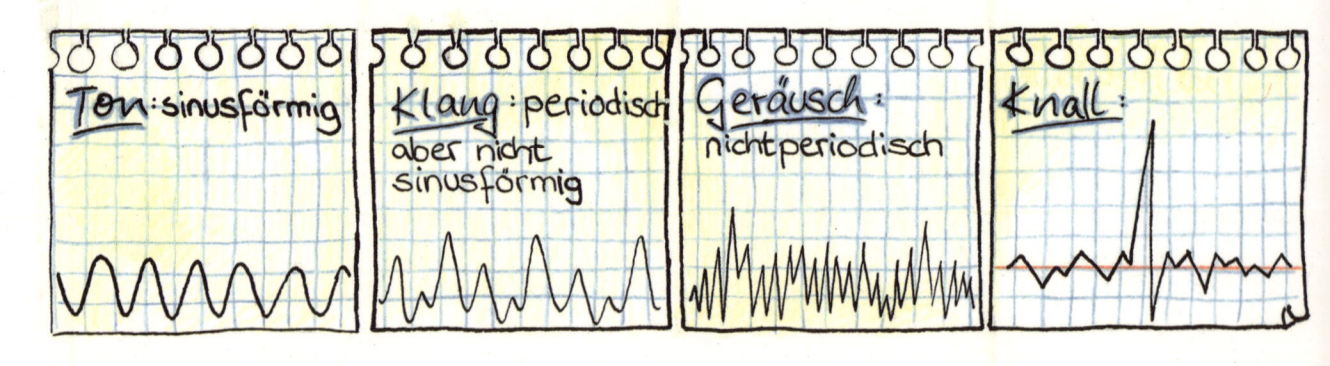

Der „Gehalt" an Obertönen zu einem Grundton ist spezifisch für verschiedene Musikinstrumente und die menschliche Stimme, er ist sozusagen ihr Fingerabdruck.

Das kommt daher, weil eine Saite nicht nur im Grundton schwingt, sondern zusätzliche Schwingungen in Vielfachen der Grundfrequenz ausführt (Obertöne). Diese Obertöne unterscheiden sich in Anzahl und Stärke von Instrument zu Instrument.

Daher können wir beim z. B. beim Hören des Kammertones „A" eindeutig sagen, ob er von einer Geige, einer Flöte, einem Klavier oder einer Gitarre gespielt wurde.

Beim Synthesizer, einem elektronischen Gerät imitiert man die Klangfarbe von Musikinstrumenten, indem man die entsprechenden Obertöne erzeugt und dem Grundton überlagert.

1.7. Die wichtigsten Eigenschaften von Schallwellen

1.7.1. Reflexion und Brechung

Wie man in den Wald ruft, so schallt es heraus, heißt es im Sprichwort.
Der physikalische Hintergrund ist das Echo: Reflexion des Schalls an großflächigen Hindernissen.
Schall wird nach den gleichen Gesetzen wie ein elastischer Ball oder Licht reflektiert.

Gelangt eine Welle an eine Stelle, an welcher sich das Medium, das sie trägt, plötzlich verändert, z. B.
Luft >> Schädel oder **Luft >> Schallschutzwand,** tritt eine Aufspaltung der Schallenergie auf.
Ein Teil der Energie wird als Welle reflektiert und der andere Teil geht in das neue Medium über und breitet sich durch das neue Medium als Welle weiter aus. In welchem Verhältnis die Schallintensitäten der beiden Anteile stehen, hängt von den Materialeigenschaften der beiden Medien, vom Einfallswinkel sowie von der Frequenz der Welle ab.
Je mehr sich die sogenannten Schallwellenwiderstände der angrenzenden Medien unterscheiden, desto stärker wird der Schall an der Grenzfläche zwischen beiden **reflektiert.**

Reflexion bedeutet das Zurückwerfen einer Welle an der Grenzfläche eines Körpers.
Je höher die Frequenz ist, umso stärker wird die Welle reflektiert. Die Fledermaus orientiert sich mittels reflektierter Ultraschallsignale und der Mensch nutzt dieses Phänomen technisch beim Echolot zur Längenbestimmung.

Beispiel beim Hörvorgang:
- Reflexion von Schallwellen am Schädel → Richtungs- und Entfernungshören
- Weiterleitung der Schallwellen im Gehörgang
- Reflexion von Schallwellen am Trommelfell beim Übergang vom Außenohr zum Mittelohr

Das bekannteste Beispiel für eine Reflexion bei Schallwellen ist das Echo.

Der Mensch nutzt die Reflexion von Schallwellen: In der Medizin z. B. bei Ultraschalluntersuchungen und in der Technik beim Echolot

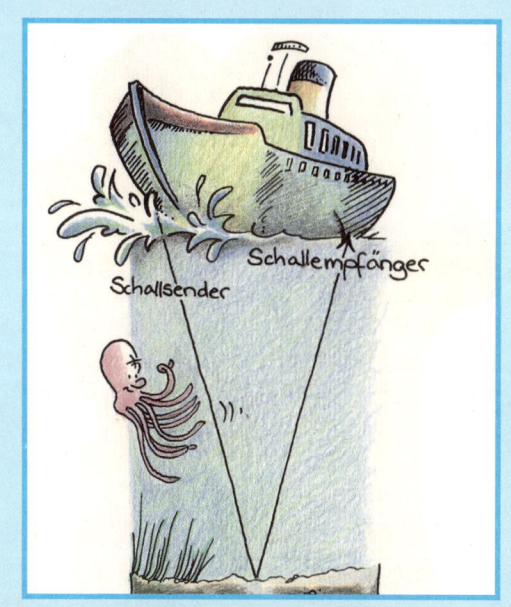

Wir können zwar nicht um die Ecke sehen, da Lichtwellen im Vergleich zu den uns umgebenden Objekten eine viel zu kleine Wellenlänge haben, als dass sie darum gebeugt werden könnten, aber wir können um die Ecke hören. Gegenstände werfen im Licht immer Schatten, im Schall nur bedingt (in Abhängigkeit von deren Größe).

Unter **Brechung** in der Akustik versteht man im Wesentlichen die Änderung der Ausbreitungsgeschwindigkeit, die sich beim Übergang von einem Medium in ein anderes ergeben kann. Dieser Effekt ist frequenzabhängig.

1.7.2. Beugung

Eine Eigenschaft von Wellen ist, dass sie gebeugt werden können.
Als Beugung bezeichnet man den Effekt, wenn Wellen von ihrem geradlinigen Weg abweichen und um Ecken „lugen".
Sie kann definiert werden als jede nicht durch Reflexion bedingte Abweichung von der geradlinigen Ausbreitung einer Welle innerhalb ein und desselben Mediums.

Beugung erfolgt immer dann, wenn eine Schallwelle auf Spalten oder Kanten trifft. Beugung macht sich immer dann verstärkt bemerkbar, wenn die Wellenlängen größer sind, als die Dimensionen des Gebildes, das der Welle im Weg steht. Das Gebilde kann dann keine scharfen Schatten mehr werfen.

Beispiel beim Hörvorgang: – Beugung von Schallwellen am Schädel ⟶ Richtung- und Entfernungshören
– Um die Ecke hören

1.7.3. Resonanz

Jedes schwingungsfähige System besitzt eine ihm spezifische Eigenfrequenz. Das ist die Frequenz, mit der ein Körper nach Anregung frei um seine Ruhelage schwingt. Diese Frequenz ist nur von den systemeigenen Eigenschaften abhängig (z. B. Masse, Steife, Geometrie). Bei einem Fadenpendel u. a. von der Länge des Pendels.

Wird dieses System mit seiner Eigenfrequenz angeregt, spricht man von Resonanz. Resonanz tritt bei einer Schaukel z. B. dann auf, wenn man sie im Moment der Umkehr der Schwingungsrichtung anstößt. Man benötigt dann nur sehr wenig Energie, um sie am Schwingen zu halten (Kompensation der Reibungsverluste). Im ungedämpften Zustand (ohne Reibung) kann es zu einer fortwährenden Verstärkung der Schwingung kommen, bis hin zur Resonanzkatastrophe (z. B. schwingende Brücke). Aus diesem Grund dürfen Soldaten nicht im Gleichschritt über Brücken marschieren.

Von Resonanz spricht man auch, wenn sich Wellen mit gleicher Frequenz überlagern. Im Gehörgang entstehen „stehende" Wellen z. B. durch Überlagerung der ankommenden Welle mit dem am Trommelfell reflektierten Anteil. Dadurch kommt es zu einer leichten Resonanzüberhöhung in der Nähe des Trommelfells. Würde man dort einen Schallpegelmesser hinbringen, so würde er einen etwas höheren Schalldruckpegel messen, als wenn das Trommelfell nicht da wäre.

Beispiel bei Hörvorgang: – Resonanz im Gehörgang

1.7.4. Dämpfung/Absorption

Schallausbreitung kann nicht ohne Verluste vor sich gehen, da bei der Bewegung der Atome und Moleküle Reibungskräfte auftreten. Es geht Schwingungsenergie verloren (Umwandlung in Wärme) wodurch der Schall gedämpft wird.

Die Schalldämpfung ist eine spezifische Materialeigenschaft und wird durch den sogenannten Absorptionskoeffizienten beschrieben.

Des Weiteren hängt die Schallabsorption stark von der Schallfrequenz ab. Höhere Frequenzen werden im Allgemeinen stärker gedämpft als tiefe.

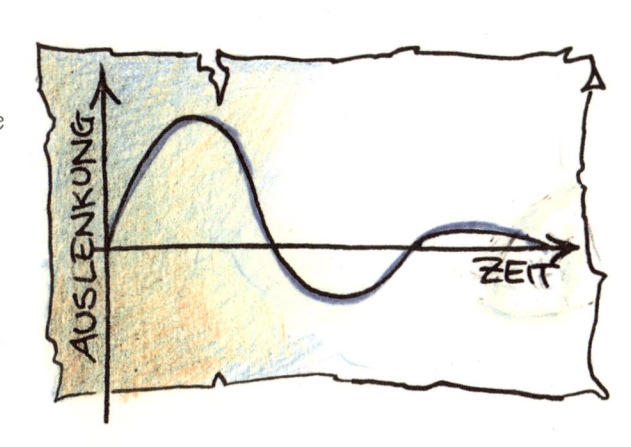

Beispiel beim Hörvorgang: Während des gesamten Hörvorganges in jedem Medium, das die Schallwelle durchläuft
Bevorzugte Absorption der hohen Frequenzen ⟶ Entfernungshören.

Meeresrauschen aus der Muschel?

Manche Leute bringen eine Muschel vom Meer mit und sagen, man könne darin das Meer rauschen hören. Stimmt das?

Wenn man eine große Muschel dicht an das Ohr hält, hört man tatsächlich ein Rauschen.
Die Muschel wirkt wie ein Resonanzboden für alle Umgebungsgeräusche. Diese bringen die Muschel zum Rauschen.

Das funktioniert übrigens auch bei jedem anderen Gefäß oder auch mit den eigenen zur Schale geformten Händen.

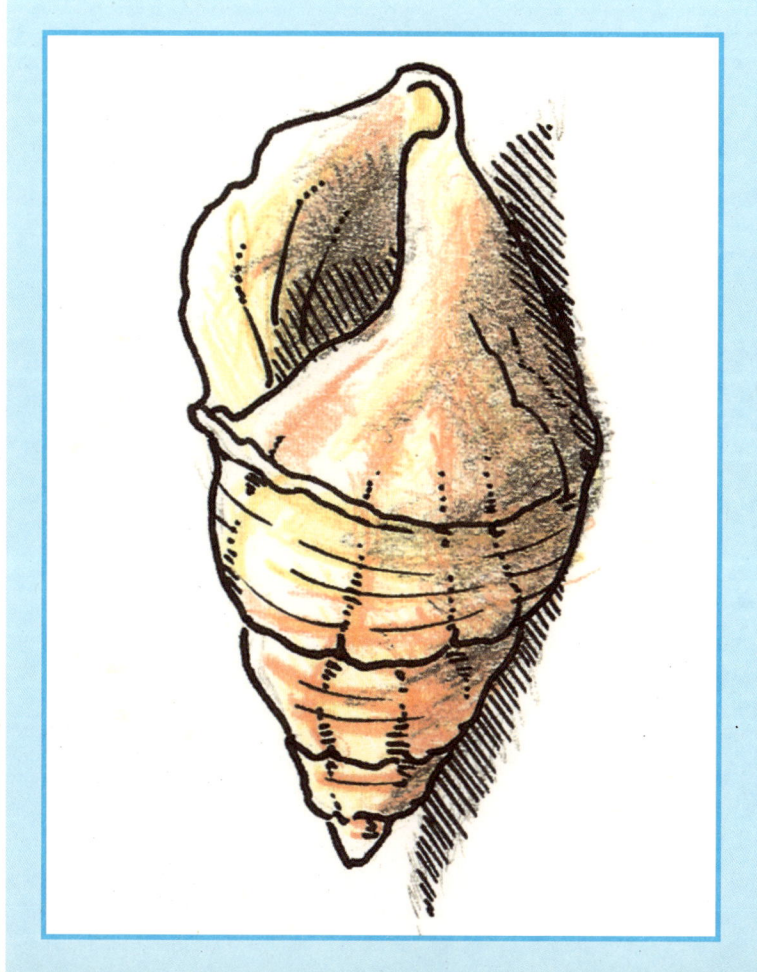

Würde unser Ohr auch schlafen, wäre ein Wecker nutzlos.

Das Ohr kann sich nicht verschließen und somit schützen – denn es hat kein Lid so wie das Auge.

Mit unserem Ohr halten wir uns zudem aufrecht. Das Innenohr ist nämlich auch Sitz unseres Gleichgewichtorgans.

2. Biologischer Teil

2.1. Das Gehör und das Hören

Das Gehör ist einer unserer fünf Sinne. Bei den Menschen ist das Ohr für die Rezeption des Schalls zuständig, indem Schallwellen aus der Luft aufgenommen und in Nervensignale umgewandelt werden.
Das Gehör stellt eine wesentliche Grundlage unserer Kommunikation dar.
Ohne die Fähigkeit des Hörens, ist es nur unter den größten Anstrengungen und mit professioneller Hilfe möglich, sprechen zu lernen.
In unserem täglichen Miteinander spielt der Hörsinn eine bedeutende Rolle.
Bereits vier Monate nach der Befruchtung ist das Ohr als erstes unserer Sinnesorgane funktionstüchtig.
Von diesem Moment an arbeitet es ununterbrochen ein ganzes Leben lang – auch dann, wenn wir schlafen.
Der Hörsinn ist rund um die Uhr aktiv, darum dient er dem Menschen, wie auch den Tieren, nicht nur zur Kommunikation, sondern auch als „Wachposten" (Warnfunktion) oder zur Aktivierung der Aufmerksamkeit.
Offensichtlich hat die Evolution dem Ohr eine besondere Bedeutung zugedacht, denn nicht nur die höchste Konzentration der Nervenendungen befindet sich im Innenohr, sondern durch seine Lage – eingebettet in den härtesten menschlichen Knochen, das Felsenbein – ist es besonders geschützt.

Die Bedeutung des Hörens geht weit über das bloße Verstehen einer Mitteilung hinaus, denn nicht nur was gesprochen wird, ist von Bedeutung, auch wie gesprochen wird ist wichtig. Denn: „Der Ton macht die Musik". Erstaunen, Begeisterung, Zustimmung, Ablehnung, Zweifel, Ironie, Heuchelei, Gleichgültigkeit – all dies kann die Sprache, der Tonfall, quasi nebenbei aussagen. Eine weitere Funktion des Hörens ist die Orientierung. Woher ein Geräusch kommt, und wie weit es entfernt ist, stellen wertvolle vom Gehör vermittelte Sinneseindrücke dar, besonders im Dunkeln.

2.2. Der Hörvorgang

Das Ohr besteht nicht nur aus der Ohrmuschel, die man außen am Kopf sieht. Es geht im Inneren weiter. Wir unterscheiden drei Bereiche des Ohres: das Außenohr, das Mittelohr und das Innenohr.

Die Ohrmuschel, der äußere Gehörgang und das Trommelfell bilden das Außenohr.
Alle auftreffenden Geräusche werden durch die Ohrmuschel aufgefangen (wie von einem Trichter) und über den Gehörgang auf das Trommelfell geleitet.
Dieses dünne Häutchen wird durch die einfallenden Schallwellen in Schwingungen versetzt und gibt die Schwingungen an die Gehörknöchelchen: Hammer, Amboss und Steigbügel im Mittelohr weiter.
Der Steigbügel, der dritte und kleinste dieser beweglichen Knochenkette, gibt die Schwingungen an das Innenohr weiter. Seine Platte sitzt im ovalen Fenster, dem „Tor" zum Innenohr.
Das Innenohr enthält die Hörschnecke, unser eigentliches Hörorgan. Sie ist mit Flüssigkeit gefüllt.
Im Hörorgan werden die Schwingungen des Steigbügels in Flüssigkeitswellen umgewandelt, von den kleinen Sinneshärchen aufgenommen und in elektrochemische Reize umgewandelt.
Diese Signale werden über den Hörnerv bis zum Gehirn weitergeleitet. Das Gehirn interpretiert die elektrischen Signale, filtert unwichtige Informationen heraus und erzeugt so den Höreindruck.
Erst jetzt haben wir ein akustisches Signal gehört.

Trommelfell, Hammer, Amboss und Steigbügel haben ihre Namen ihrem Aussehen zu verdanken.

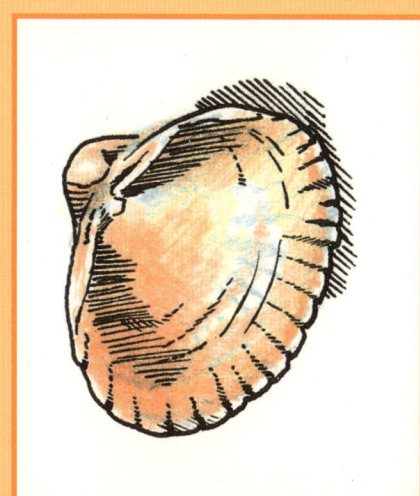

Auch unsere Ohrmuschel erinnert an eine Muschel.

Und die Hörschnecke sieht tatsächlich wie eine kleine Schnecke aus.

__Äußeres Ohr__
(Schalltransport)

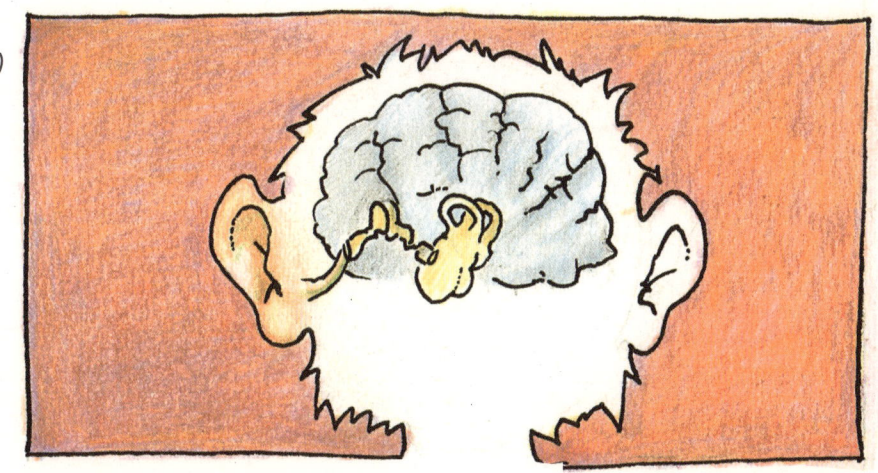

__Trommelfell und Mittelohr__
(Konzentration der Schallenergie)

__Innenohr__
(Schallumwandlung)

__Hörnerv/Hörzentrum im Gehirn__
(Informationsverarbeitung)

__Hören__
Richtungshören
Sprachverständnis
Signalerkennung
Akustische Erinnerung
Schallbewertung
(unangenehm/angenehm)

Zum äußeren Ohr gehören:
- *Ohrmuschel*
- *Gehörgang*
- *Trommelfell*

Das Trichterprinzip:
Ohrmuschel und Gehörgang zusammen kannst du man sich tatsächlich wie einen Trichter vorstellen, den man benutzt, um eine Flüssigkeit in einen engen Flaschenhals zu füllen.

Ohne Trichter gelangt nur ein kleiner Teil der Flüssigkeit in die Flasche, der Rest geht daneben. Ähnlich beim Ohr – die Ohrmuschel dient dazu, möglichst viel Schall durch den engen Gehörgang ins Ohr zu „füllen".

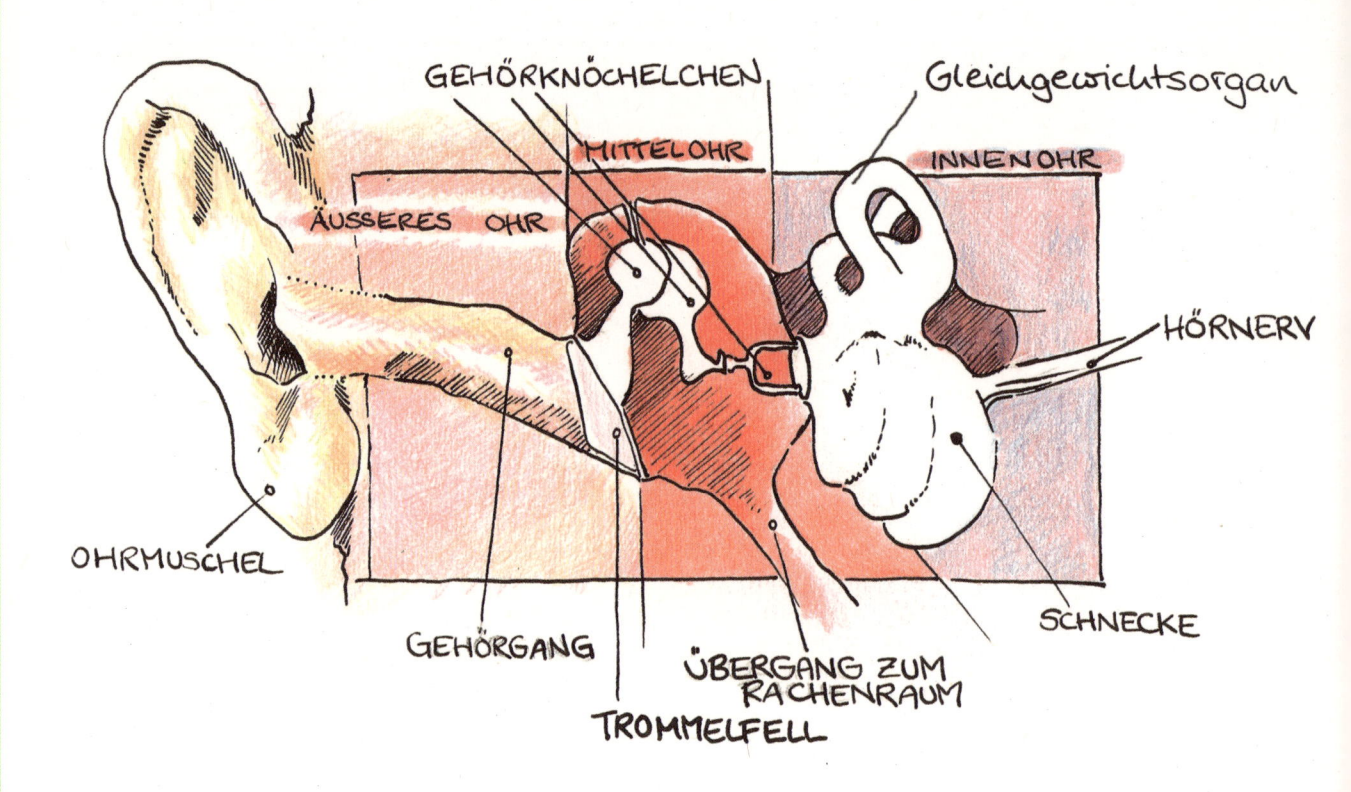

2.3. Der Aufbau des Ohres

2.3.1. Das Außenohr

Das äußere Ohr besteht aus der Ohrmuschel und dem Gehörgang, der zum Mittelohr durch das Trommelfell abgeschlossen ist.
Die Ohrmuschel hat annähernd die Form eines flachen Trichters. Sie besteht aus elastischem Knorpel, überzogen mit sehr gefäßreicher, gut durchbluteter Haut. Die Ohrmuschel sammelt den Schall aus der Umwelt und leitet ihn weiter auf den Gehörgang.
Dieser ist etwa 3–3,5 cm lang und leicht gekrümmt. Die Krümmung schützt Trommelfell und Mittelohr bis zu einem gewissen Grade vor Verletzungen durch starre Fremdkörper von außen.
Der vordere Teil besteht wie die Ohrmuschel aus Knorpel, der hintere aus Knochen. Der gesamte Gehörgang ist mit Haut ausgekleidet, wobei die Haut des äußeren, knorpeligen Teils im Aufbau ganz der normalen Körperhaut (Talgdrüsen, Haare) entspricht.
Im inneren knochigen Teil ist er nur mit zarter Haut ausgekleidet, die direkt in die Haut des Trommelfells übergeht.

Das so genannte Ohrenschmalz (Cerumen) gewährleistet den Säureschutzmantel der Gehörgangshaut. Es ist bakterienabweisend und nimmt Hautschüppchen, abgestoßene Härchen und Verunreinigungen aus dem Gehörgang auf.
Durch unsere Kaubewegungen transportieren wir das Ohrenschmalz ständig nach außen. Somit ist ein perfekter Selbstreinigungsmechanismus gewährleistet und eine Reinigung mit Ohrenstäbchen erübrigt sich. Mit diesen schiebt man das Ohrenschmalz nur in die Tiefe des Gehörgangs, wo es zu einer Pfropfenbildung kommen kann.

Aufgaben der Ohrmuschel:
– Ortung (woher kommt der Schall?)
– Sammlung (Trichter) der Schallwellen

Aufgabe des Gehörgangs:
– Weiterleitung der Schallwellen zum Trommelfell
– Verstärkung bestimmter Frequenzen

Ohrmuschel und Gehörgang nur normal waschen und nicht mit Ohrenstäbchen reinigen. Verletzungsgefahr!

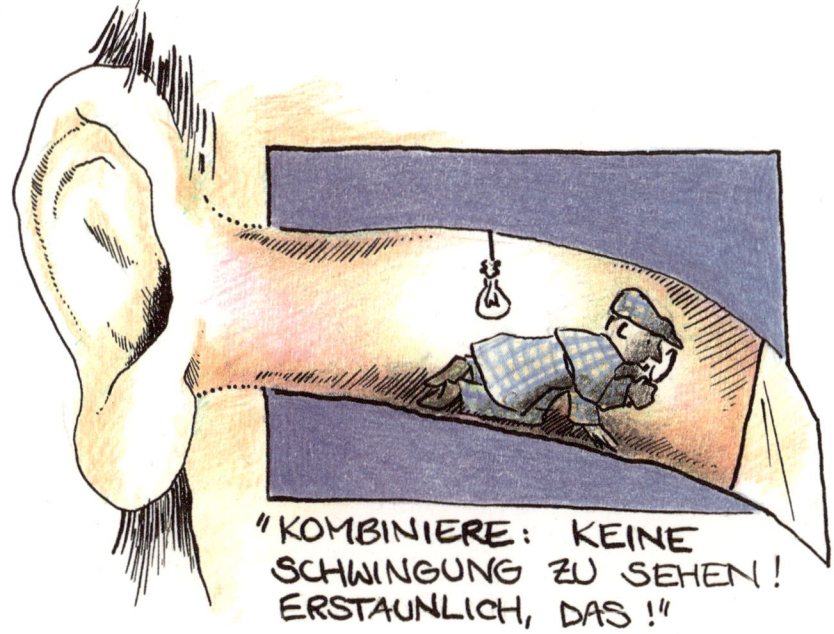

"KOMBINIERE: KEINE SCHWINGUNG ZU SEHEN! ERSTAUNLICH, DAS!"

Die Aufgabe des Trommelfells ist es, die Schwingungen des Schalls, die im Gehörgang auf das Trommelfell treffen, weiter auf die Gehörknöchelchen im Mittelohr zu leiten.
Das Trommelfell ist eine elastische, weiß- bis perlmuttgrau glänzende, mit zartesten Äderchen durchzogene, straff gespannte Haut, die ein bisschen durchscheint, so dass der Arzt die dahinter liegenden Gehörknöchelchen im Mittelohr sehen kann.
Es ist aber nicht glatt gespannt, sondern eher gewölbt, da es auf der Innenseite über den halben Durchmesser an den ersten Knochen der beweglichen Gehörknöchelkette, den Hammer, angewachsen ist.

Bei den tiefsten noch hörbaren Tönen beträgt die Schwingungsamplitude des Trommelfells ungefähr 0,1 mm, im sensitivsten Bereich unseres Gehörs um 4 kHz, genügt es, wenn das Trommelfell nur um das Hundertmillionstel eines Millimeters ausgelenkt wird, damit ein Höreindruck entsteht.
Die Amplitude der Trommelfellschwingung kann also noch geringer sein als der Durchmesser eines Wasserstoffatoms.

SIND SIE VERRÜCKT?! AUF GAR-KEINEN-FALL!!

WARTUNG

Aufgabe des Trommelfells:
– Weiterleitung der Schallwellen in das Mittelohr
– Umwandlung von Luftschall in mechanische Bewegung der Gehörknöchelchen

Da der Gehörgang auf einer Seite mit dem Trommelfell abgeschlossen ist, wirkt die Luftsäule in ihm akustisch wie in einer einseitig geschlossenen Pfeife, ähnlich wie die Pfeife einer Panflöte.

Die Resonanzfrequenz der Luftsäule liegt zwischen 2,5 und 3,5 kHz.

Schall in diesem Tonhöhenbereich wird also verstärkt. Wird der Gehörgang verschlossen (Kopfhörer!), ändern sich seine Resonanzeigenschaften, und er resoniert dann bei 1 und 7 kHz.

Richtungs- und Entfernungshören

Auch die Geometrie des Schädels spielt bei der Schallwahrnehmung eine Rolle. Wie wir bereits aus dem physikalischen Teil wissen, wird Schall an Hindernissen abhängig von der Tonhöhe unterschiedlich stark reflektiert und gebeugt, so dass um den Kopf herum stark von der Tonhöhe abhängige Überlagerungsmuster (Interferenzen) zwischen direkt einfallenden, reflektierten und gebeugten Schallwellen entstehen
⟶ *Reflexion, Beugung.*

Der Kopf wirkt somit als Schallfilter in einem regelrechten „Wellensalat" bei dem viele Schallwellen unterschiedlicher Amplituden, Wellenlängen und Phasenlagen sich überlagern und Informationen wie z. B. Sprache und Musik enthalten.

Die Muster, die aus den sich überlagernden Schallwellen entstehen, sind asymmetrisch, d.h. die Schallfelder oberhalb und unterhalb des Kopfes unterscheiden sich stark. Diese Unterschiedlichkeit entsteht durch die Reflexion des Schalls am Boden und der Beugung der Schallwellen am menschlichen Körper.

Die Bewertung und Analyse dieser komplexen Muster ist nicht angeboren, sondern sie muss erlernt werden. Ob Schall von oben oder unten, von nah oder fern kommt, können wir auch entscheiden, wenn nur ein Ohr ihn vernimmt.

Für das Richtungshören sind jedoch beide Ohren nötig. Hierbei spielen ganz besonders die Laufzeitdifferenzen eine Rolle, die sich bei nicht paralleler Stellung der Ohren zur Schallquelle ergeben. Jedes Ohr leitet die Schallinformation an das Zentralnervensystem, das aus der Differenz beider Signale eine Information über die Lage der Schallquelle ableitet.

Oft unbewusst benutzen wir zur Richtungsbestimmung den Kopf zum „Peilen", indem wir ein Ohr der Schallquelle zuwenden.

Der Schall wird aufgrund seiner Schallgeschwindigkeit von ca. 332 m/s das dem Schall zugewandte Ohr um etwa 0,66 ms früher erreichen, als das dem Schall abgewandte Ohr, wenn wir einen Kopfdurchmesser von 0,22 m annehmen.

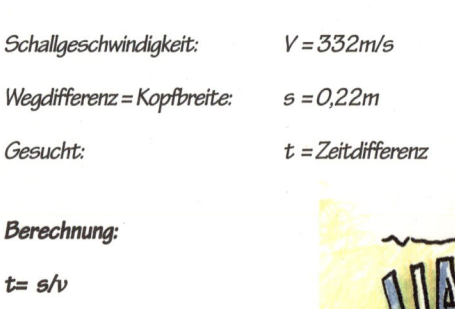

Schallgeschwindigkeit: $\quad v = 332 \text{ m/s}$

Wegdifferenz = Kopfbreite: $\quad s = 0,22 \text{ m}$

Gesucht: $\quad t = \text{Zeitdifferenz}$

Berechnung:

$t = s/v$

$t = 0,22 \text{ m} : 332 \text{ m/s}$

$t = 0,00066 \text{ s}$

$t = 0,66 \text{ ms}$

Kopfbreite (s) = 0,22 m

Das Richtungshören beruht neben Laufzeitunterschieden zusätzlich noch auf frequenzabhängigen Intensitätsunterschieden.
Bei einem Kopfdurchmesser von 22 cm sind für Schallwellen, die kürzer als 22 cm sind (Töne über 1.600 Hz) erhebliche Abschattungseffekte zu erwarten; wohingegen längere Schallwellen stärker gebeugt werden.
Je höher die Töne sind, umso stärkere „Beugungsschatten" erzeugt der Kopf, wodurch sich das Frequenzspektrum insgesamt verändert.
→ *Beugung von Schallwellen*

Als Faustregel kann man sich merken: bei tiefen Tönen spielt der Zeitunterschied und bei hohen Tönen der Intensitätsunterschied des Schalls an beiden Ohren eine dominierende Rolle.

Auch das Entfernungshören, die Lokalisierung von Schallquellen in der Nähe oder in der Ferne, geschieht über die Bewertung der Lautstärke des Schalls, wobei die gelernten Erfahrungen eine Rolle spielen.
Sind die Schallquellen nicht in unserer unmittelbaren Nähe, urteilen wir aus der Erfahrung heraus, dass hohe Töne auf ihrem Weg durch die Luft viel stärker abgeschwächt werden als tiefe Frequenzen. Naher Donner klingt grell, ferner dumpf, da die hohen Frequenzen von der Luft über die Entfernung gedämpft wurden.
→ *Absorption von Schallwellen*

Der Schädel spielt eine wichtige Rolle beim Richtungshören, da er Schallwellen höherer Frequenzen in charakteristischer Weise beugt und reflektiert.

Änderungen im Klangbild (Interferenzmuster durch Beugung und Reflexion um unsere Ohren) sind eine Grundlage für das Richtungshören.
Beidohriges Hören erleichtert die Richtungszuordnung, da hier nicht nur die Muster bewertet werden, sondern auch die Schallpegeldifferenzen, die an beiden Ohren entstanden sind, und das unterschiedliche zeitliche Eintreffen (Laufzeitunterschied) der Signale.

Der Steigbügel ist der letzte Knochen der Knochenkette.
Er ist der kleinste Knochen des menschlichen Körpers und in etwa so groß wie ein Reiskorn.
Er wiegt nur 3 mg.

Auch beim Tauchen oder Fliegen spüren wir „Druck auf den Ohren".

2.3.2. Das Mittelohr

Das Mittelohr ist ein lufthaltiger Raum, der durch das Trommelfell vom äußeren Gehörgang abgegrenzt wird.
In der Fachsprache wird es auch Paukenhöhle genannt.

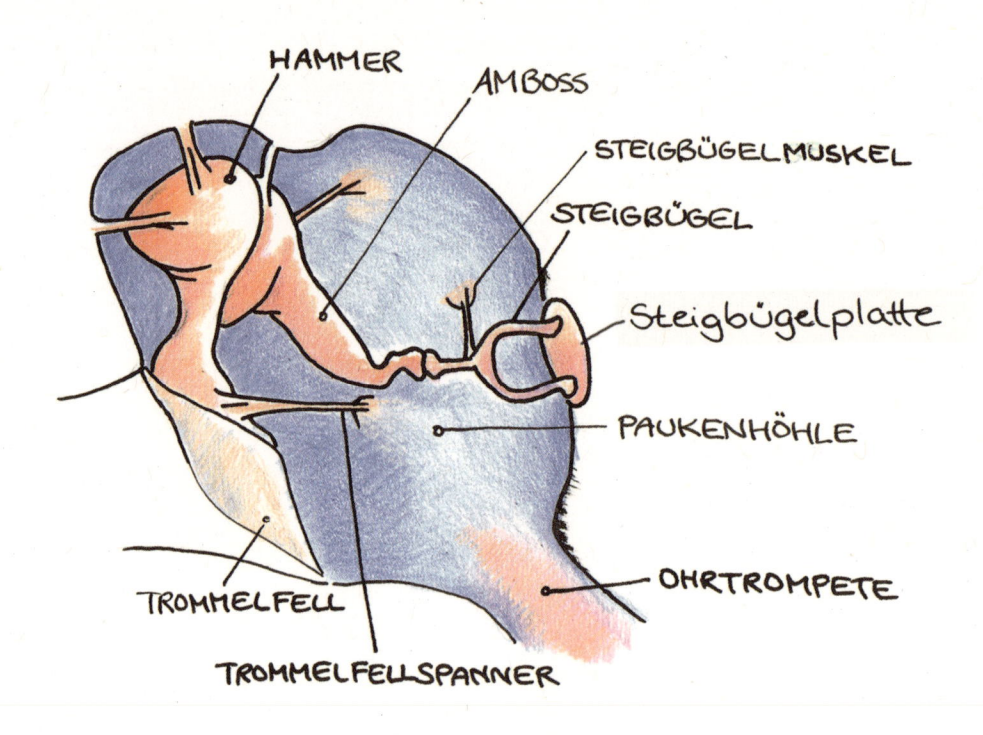

Die Paukenhöhle ist ein von Knochen begrenzter Hohlraum, der mit Schleimhaut ausgekleidet ist und über die Ohrtrompete, die auch Tube oder Eustachische Röhre genannt wird, mit den Nasen- Rachenraum und damit mit der Außenluft verbunden ist.
Dieser Verbindungskanal ist wichtig zum Druckausgleich. Weil die Luft im Mittelohr immer wieder durch Stoffwechselvorgänge in den Zellen verbraucht wird, würde ohne diese Verbindung ein Unterdruck im Mittelohr entstehen.
Damit das Trommelfell frei schwingen kann, muss auf seinen beiden Seiten der gleiche Luftdruck herrschen.
Die Ohrtrompete ist normaler Weise geschlossen, sie öffnet sich jedoch beim Gähnen und Schlucken und sorgt auf diese Weise für den nötigen Druckausgleich.
Findet kein Druckausgleich statt, zum Beispiel wegen geschwollener Schleimhaut in der Ohrtrompete (Schnupfen) oder bei Verlegung des Tubenausganges durch Polypen, dann kann das Trommelfell nicht mehr frei schwingen, und es entsteht ein tauber Höreindruck.

In der Paukenhöhle befinden sich die drei Gehörknöchelchen: Hammer, Amboss und Steigbügel. Die drei Knöchelchen, die gelenkig miteinander verbunden sind, bilden eine Brücke zwischen dem Trommelfell und dem Innenohr. Sie übertragen die Schwingungen des Trommelfells und leiten diesen Wechseldruck an das Innenohr weiter, wo er die Flüssigkeit in Schwingungen versetzt.

Der Griff des Hammers ist fest mit dem Trommelfell verbunden.
Auf Grund dieser Verbindung werden die Schallschwingungen der Luft über das Trommelfell in mechanische Schwingungen eines Knöchelchens (Hammer) umgewandelt und weiter über die anderen zwei Gehörknöchelchen zum ovalen Fenster, dem Eingang zum Innenohr, geleitet.

Hebelgesetz

$$F_1 \cdot S_1 = F_2 \cdot S_2$$

Die Gehörknöchelchenkette überträgt aber nicht nur die Schwingungen des Trommelfells auf das ovale Fenster, sie verstärkt diese zusätzlich auch, denn die Gehörknöchelchen wirken als Hebelsystem.
In einem Hebelsystem wird bekanntlich die Kraft, die am langen Arm des Hebels ansetzt, am kurzen Arm verstärkt.

Die Gehörknöchelchen sind gelenkig miteinander verbunden und über Bänder aufgehängt. Die Verbindungslinie ihrer Aufhängung geht durch die Schwerpunkte der Knöchelchen. Dadurch schwingen sie nicht mit, wenn wir den Kopf bewegen. Das ist der Grund, warum wir unser Kopfschütteln nicht hören.

Das Hebelgesetz im Ohr

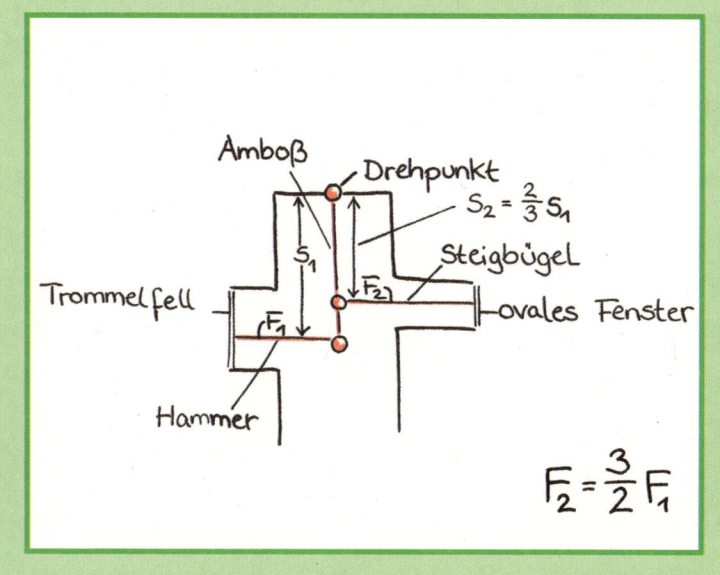

$$S_2 = \frac{2}{3} S_1$$

$$F_2 = \frac{3}{2} F_1$$

Die Anpassung des Überganges Luft/Flüssigkeit durch die Knöchelchen entstand im Laufe der Evolution und brachte einen „Gewinn" von 26 dB gegenüber der Variante, wo das ovale Fenster direkt der Luft zugewandt ist (bei Fröschen).

Frage: Was tut mehr weh, wenn dir jemand mit breitem Absatz auf den Fuß tritt oder jemand mit Pfennigabsatz?

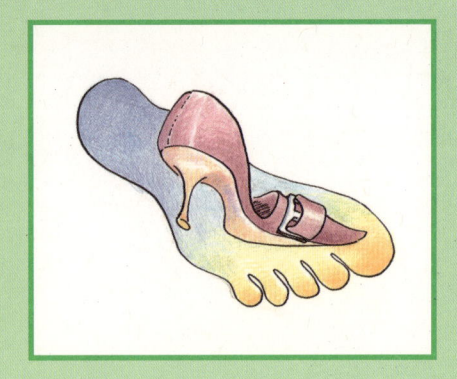

Je kleiner die Fläche, desto größer der Druck. Man nennt das auch den Pfennigabsatzeffekt oder das Reiszweckenprinzip.

Es erfolgt eine Gesamtverstärkung um das 22-fache durch die Hebelwirkung und die Größenunterschiede.

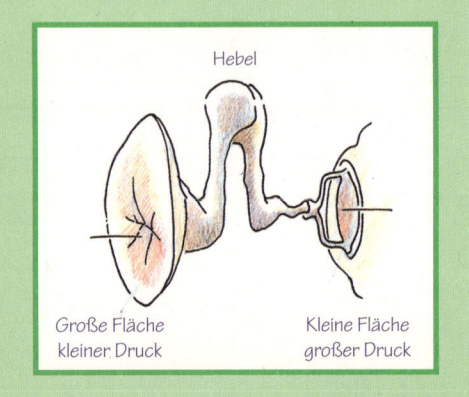

Hebel

Große Fläche kleiner Druck

Kleine Fläche großer Druck

Im Ohr ist der am Trommelfell befestigte Hammergriff der lange Arm und der Ambossfortsatz mit dem Steigbügel der kurze.
Der Steigbügel ist mit dem ovalen Fenster des Innenohres verbunden. Dies ist eine ähnliche Membran wie das Trommelfell.
Dort ist er beweglich eingepasst und durch das Ringband abgedichtet. An dieser Stelle erfolgt die Schwingungsübertragung vom Mittel- in das Innenohr.

Auf Grund der Größenunterschiede von Trommelfell (55 mm^2) zu der Fußplatte des Steigbügels (3,2 mm^2) ergibt sich nochmals in etwa eine Verstärkung um den Faktor 17, da der Druck, die auf eine Fläche bezogene Kraft ist (als Pfennigabsatzeffekt oder auch als Reiszweckenprinzip bekannt).

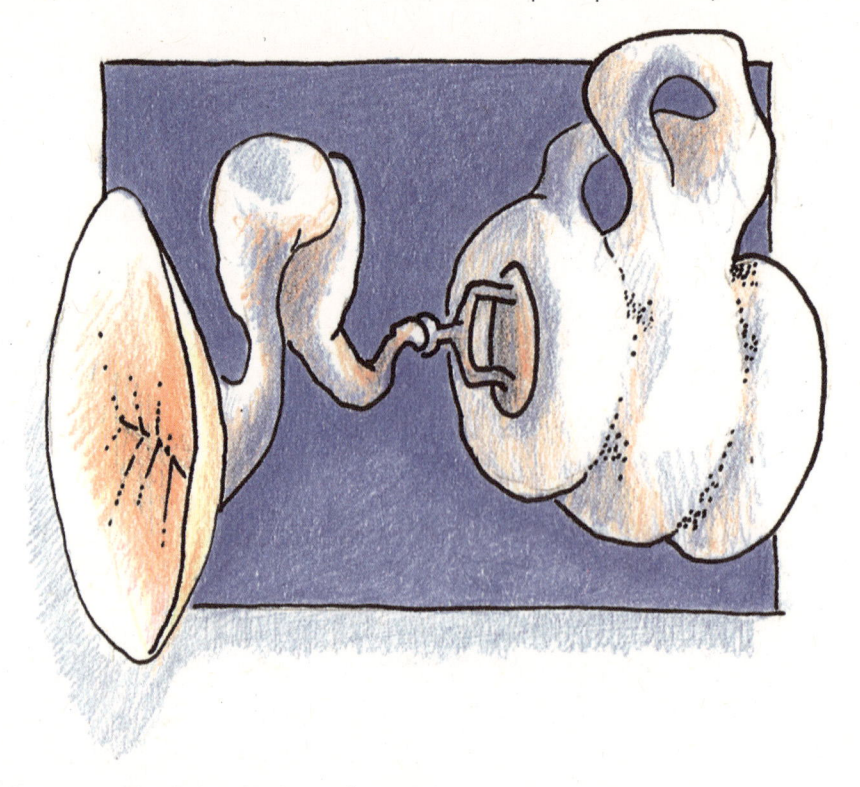

Gesamtverstärkung im Mittelohr: 1,3 x 17 ≈ 22

Der Schalldruck am Eingang zum Innenohr ist also insgesamt rund 22 mal höher, als der Druck, der das Trommelfell zum Schwingen gebracht hat. Die Verstärkung durch die Gehörknöchelchenkette ist erforderlich, weil bei der Übertragung des Luftschalls auf das mit Flüssigkeit gefüllte Innenohr die Luftschwingungen in Flüssigkeitsschwingungen umgewandelt werden müssen.
Die wesentliche Funktion des Mittelohres besteht darin, den Schall der Luft an das mit Lymphflüssigkeit gefüllte Innenohr weiterzuleiten.

Da die Flüssigkeit im Innenohr schwerer als Luft in Schwingungen zu versetzten ist, muss der geringere Schallwellenwiderstand der Luft an den höheren Schallwellenwiderstand der Flüssigkeit angepasst werden (Impedanzanpassung).

Der Schall wird (analog zum Licht) an zwei Grenzflächen reflektiert, die zwei Medien mit unterschiedlichen Schallwellenwiderstand trennen ⟶ **Reflexion von Wellen.**

Da die Schallwellenwiderstände von Luft und Knochen sowie Knochen und Lymphflüssigkeit sehr verschieden sind, würde fast der gesamte Schall reflektiert werden.
Träfen die Schallwellen direkt und ohne Verstärkung auf das ovale Fenster, würde ein um 26 dB geringerer Schalldruckpegel einwirken.

Neben dem Schalltransport über das Außenohr und das Mittelohr zum Innenohr – die sogenannte Luftleitung – findet Hören auch immer zugleich über Knochenleitung statt. Diese Schallleitung ist nicht so effektiv wie die Luftleitung. Die Schallamplitude muss sehr viel größer sein, um einen gleich lauten Höreindruck zu erzielen.
Die Schallwellen versetzen den Schädelknochen direkt in Schwingung und pflanzen sich auf diesem Weg bis zum Innenohr fort.
Bei der Stimmgabelprüfung macht sich der Arzt die Knochenleitung zu Nutze. Der Arzt schlägt eine Stimmgabel an und hält sie zunächst vor das Ohr (Luftleitung) und danach auf den Schädel bzw. gegen die Stirn (Knochenleitung).
Wenn man den Ton bei der Knochenleitung lauter hört, liegt vermutlich eine Schädigung im Mittelohrbereich vor.

Das Mittelohr verfügt über einen Schutzmechanismus (Stapediusreflex). Hohe Schallpegelspitzen können schon bei kurzzeitiger Einwirkung mechanische Schäden im Ohr hervorrufen. Darum tritt zum Schutz eine Art „Schallbremse" in Aktion.
Diese Schallbremse wird durch zwei kleine Muskeln (Trommelfellspanner, Steigbügelmuskel) getätigt. Sie ziehen sich bei hohen Schallpegeln reflexartig zusammen (Stapediusreflex) und setzen somit die Übertragungsfähigkeit der Gehörknöchelchenkette herab. Sie spannen sich umso mehr, je lauter der Schall ist. Diese lautstärkeabhängige Dämpfung ist am effektivsten bei tiefen Frequenzen. Über 2 kHz – gerade in unserem empfindlichsten Hörbereich – ist der Stapediusreflex weniger effektiv. Wir haben daher keinen natürlichen Schutz gegen Überreizung. Zudem stellt er bei Dauerschalleinwirkung keinen wirksamen Schutz dar.

Zum Mittelohr gehören:
– Paukenhöhle
– drei Gehörknöchelchen
  (Hammer, Amboss und Steigbügel)
– zwei Mittelohrmuskeln
– Ohrtrompete

Aufgabe des Mittelohres:
– Schwingungsübertragung vom Außenohr zum Innenohr
– Impedanzanpassung zwischen Mittel- und Innenohr
  (Verstärkung durch Hebelgesetz und „Pfennigabsatzeffekt" um den Faktor 22

Immer wenn wir sprechen, hören wir unsere Stimme nicht nur über die Luft-, sondern auch über die Knochenleitung, da wir beim Sprechen neben der Luft in den Nasen- und Rachenhöhlen auch die Schädelknochen anregen.
Die Knochenleitung bewirkt, dass wir unsere eigene Stimme viel tiefer hören, als sie durch die Luft zu den anderen getragen wird.

Zum Innenohr gehören
– das Gleichgewichtsorgan (Bogengänge)
– das Hörorgan (Schnecke)

Die Schnecke ist in etwa so groß wie eine Erbse

Aufgabe des Innenohres:
Umwandlung der Schallschwingungen in Nervensignale.

Der Mensch hat in etwa 3.500 innere Haarzellen und 15.000 äußere Haarzellen pro Ohr.

2.3.3. Das Innenohr

Das Innenohr liegt hinter dem Mittelohr. In ihm befinden sich zwei Organe mit unterschiedlicher Funktion: das Gleichgewichts- und das Hörorgan (Cochlea). Das Hörorgan wird wegen seiner Form auch Schnecke genannt.
Die drei Bögen des Gleichgewichtorgans sind direkt mit der Schnecke des Innenohres verbunden.

Die Schnecke (Cochlea) ist der eigentliche akustische Wandler, der die Schallschwingungen in Nervensignale umwandelt. Sie ist ein spiralig gewundener Gang und hat beim Menschen $2^1/_2$ Windungen.

Ausgestreckt hat sie etwa eine Länge von 35 mm.
Durch zwei „Schneckenfenster" besteht die Verbindung zum Mittelohr. Ovales und rundes Fenster kann man sich als Ein- und Ausgang der Schnecke vorstellen. Über das ovale Fenster werden die Schwingungen des Steigbügels auf die Lymphflüssigkeit im Innenohr übertragen.

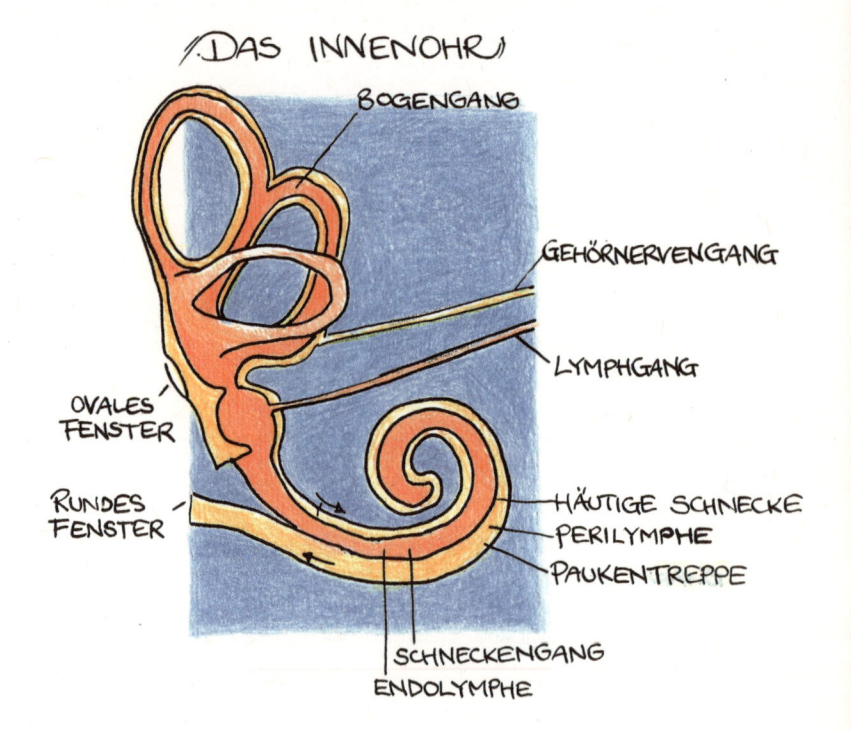

DAS INNENOHR
- BOGENGANG
- GEHÖRNERVENGANG
- LYMPHGANG
- OVALES FENSTER
- RUNDES FENSTER
- HÄUTIGE SCHNECKE
- PERILYMPHE
- PAUKENTREPPE
- SCHNECKENGANG
- ENDOLYMPHE

Da sich aber eine Flüssigkeit nicht zusammendrücken lässt, müssen die durch den Steigbügel ins Labyrinth gelangenden Druckwellen auch wieder hinaus. Das ist nur möglich, wenn ein anderer Teil des Labyrinths nachgibt: das runde Fenster am „Ausgang" des Labyrinths. Immer wenn sich die Steigbügelfußplatte nach innen bewegt, bewegt sich das runde Fenster nach außen.
Die Schnecke besteht außen aus einem knöchernen Teil und ist innen durch ein dünnes Häutchen, die Basilarmembran, in zwei mit Lymphflüssigkeit gefüllte Tunnel geteilt. Auf dieser Basilarmembran sitzen etwa 18.000 sehr feine und sehr empfindliche Haarsinneszellen, die alle zusammen das **Cortische Organ** heißen. Durch dieses „Eingebettetsein" in flüssigkeitsgefüllte Räume wird das Cortische Organ gut gegen Erschütterungen und Druckveränderungen geschützt; denn egal wie wir unseren Kopf halten oder ihn schütteln, wir können hören.
Die Haarzellen auf der Basilarmembran tragen mikroskopisch kleine Härchen – **die Zilien**-, die fast wie die Borsten eines Pinsels aussehen.

Über den Spitzen dieser Härchen liegt die so genannte Deckmembran. Bei Bewegungen der Basilarmembran erfahren die Zilien Scherkräfte (verbiegen sich), was die Haarzellen zum Auslösen von elektrischen Aktionspotentialen stimuliert. Insgesamt etwa 40.000 Nervenfasern des Hörnervs stellen die Verbindung zwischen Haarzellen und Gehirn her.
Das sind mehr Nervenfasern als wir Hörsinneszellen haben, da nicht nur Nervenfasern von den Haarzellen weg- und zum Zentralnervensystem hinführen, sondern auch in umgekehrter Richtung von diesem zu den Sinneszellen zurückkommen. Somit ist das Gehirn in der Lage, sich aktiv in den Hörprozess einzuschalten.

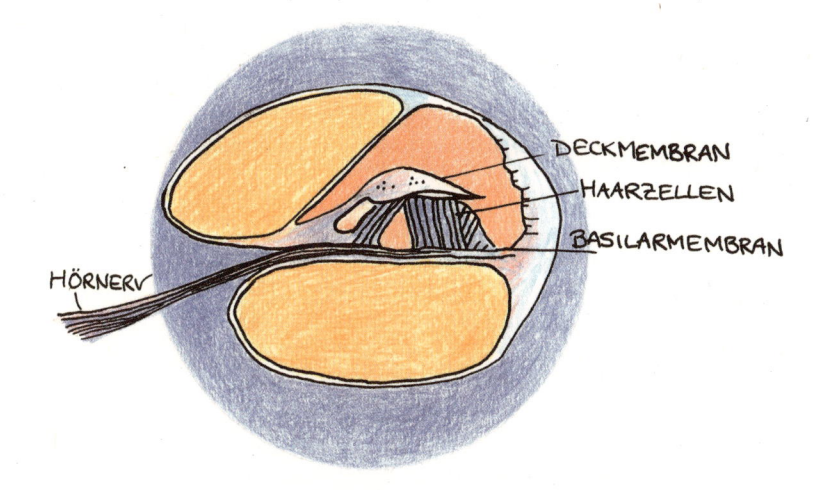

Man kann sich den Hörvorgang bildlich so vorstellen, als ob Wind Wasserwellen anregt, die ihrerseits das im Wasser stehende Schilfrohr (Modell für Zilien) in Bewegung setzen.

Wie wir hören und die Wahrnehmung der Tonhöhe

Jedes Geräusch verursacht Flüssigkeitswellen in der Hörschnecke. Die Höhe und Stärke dieser Wellen hängt von der Lautstärke des Geräusches ab.
Die Härchen auf der Basilarmembran sind elastisch und schwingen mit jeder einfallenden Welle mit.
Bei diesem Mitschwingen der Sinneszellen auf der Basilarmembran werden sie aufgrund der Verbindung mit der Deckmembran schräg gestellt (Scherbewegung). Durch diesen Reiz wird eine elektrische Erregung ausgelöst, die über den Hörnerv zum Gehirn geleitet und dort umgesetzt wird. Das heißt, im Gehirn wird das Geräusch letztendlich analysiert und erkannt.
Doch die Schalldruckwellen regen nicht alle feinen Sinneshärchen zum Mitschwingen an, sondern immer nur ganz bestimmte.
Die im Innenohr entstandenen Wellen auf der Basilarmembran nennt man auch Wanderwellen. Wir können sie uns vereinfacht als Meereswellen vorstellen, die schließlich am Strand sanft auslaufen. In Abhängigkeit von der Frequenz hat die Basilarmembran ihr Schwingungsmaximum an unterschiedlichen Orten. Die Sinneszellen am Eingang der Schnecke sind für die Empfindung der hohen Töne zuständig. Mit den Sinneszellen in der Nähe der Schneckenspitze werden die tiefen Töne empfunden. Den verschiedenen Frequenzen (Tonhöhen) sind also verschiedene Abschnitte der Schnecke zugeordnet – ähnlich einer Klaviertastatur.

Immer wenn es windstill (ruhig) ist, ist das Meer glatt.

Geht ein leichter Wind (leise Geräusche) entstehen Wellen und das Schilfrohr (die Zilien) bewegt sich leicht.

Je stärker der Wind, umso größere Wellen entstehen und das Schilfrohr (die Zilien) schwingt stärker, bis es bei Überlastung abbrechen kann.

Was ist ein Recruitment?

Ein Recruitment wird durch die eingeschränkte Funktion der äußeren Haarzellen bedingt. Leise Töne unterhalb von 40 dB werden nicht gehört, Lautstärken in Zimmerlautstärke werden normal gehört und lautere ab ca. 80 dB werden schon als schmerzhaft empfunden.

Durch das Recruitment wird also eine Fehlhörigkeit hervorgerufen.
Der Hörverlust ist nicht dadurch auszugleichen, dass man alles gleichermaßen lauter macht, weil gemäßigt laute Signale dann als zu laut empfunden werden.

Die durch einfache Hörgeräte verstärkte Sprache oder Musik klingt verzerrt wie aus einem alten Grammophon.
Das hat zur Folge, dass der Hörgenuss mit Hörgerät oft nicht den Erwartungen der Betroffenen entspricht und sie darum oftmals das Gerät nicht tragen wollen.
Moderne Geräte regeln die Verstärkung zwar intelligenter, ein intaktes Gehör ist jedoch durch nichts zu ersetzen.

Die Geschwindigkeit, mit der sich Schallwellen im Innenohr bewegen, hängt von der Wellenlänge und der Dämpfung ab. Es gilt, je kleiner die Frequenz, desto kleiner ist die Ausbreitungsgeschwindigkeit und desto geringer ist die Schalldämpfung.
Demzufolge überholen also die hohen Töne im Innenohr die tiefen, da sie schneller laufen. Die hohen Töne kommen aber im Innenohr nicht so weit wie die tiefen, da sie stärker gedämpft werden.
Von daher ist es also verständlich, dass hohe Töne am Anfang und tiefe Töne am Ende der Schnecke zu einer Erregung führen.

Um die äußerst scharfe Frequenzanalyse des Menschen verstehen zu können, reicht das oben beschriebene Wanderwellenmodell alleine nicht aus.

Bei der Frequenzanalyse werden zusätzlich die Haarsinneszellen aktiv.
Diese befinden sich – wie bereits erwähnt – auf der Basilarmembran und zwar in vier parallelen Reihen.
Die Haarzellen der zur Schneckenachse hin innersten Reihe – die so genannten inneren Haarzellen tragen linienförmig angeordnete Sinneshärchen; die Härchen der drei Reihen äußerer Haarzellen sind V- oder W-förmig angeordnet.
Die äußeren Zellen greifen auf Grund einer Rückkopplung zum Gehirn aktiv in den Hörvorgang ein.
Sie sorgen durch aktive Bewegungen am Ort des Wellenmaximums dafür, dass sich die Hörempfindung wesentlich schärfer ausprägt, als das bei einer reinen passiven Bewegung der Basilarmembran der Fall wäre.
Dadurch wird zum einen die erstaunliche Frequenzanalyse erreicht und zum anderen erfolgt durch die Aktivität der äußeren Haarzellen auch eine Steigerung der Empfindlichkeit, denn bei Pegeln unterhalb von 40 dB erfolgt durch die Bewegung der äußeren Haarzellen eine Verstärkung.
Ohne diese Verstärkung, würde unsere Hörschwelle erst bei Schallpegeln von ca. 40 dB liegen, so aber schon bei 0 dB.
Durch einen entgegengesetzten Prozess der äußeren Haarzellen bei Pegeln oberhalb von 80 dB wird eine Dämpfung erreicht, was zur Folge hat, dass unsere Schmerzschwelle erst bei Schallpegeln von ca. 120 dB beginnt, anstatt ansonsten schon von 80 dB.

Durch diese aktive Bewegung wird also der Dynamikbereich des normalen Hörens gewissermaßen von 40–80 dB auf 0–120 dB erweitert.

Durch zu hohe Schallpegel nehmen zuerst die Zilien der äußeren Haarzellen Schaden. Ein Verlust von äußeren Haarzellen verändert aber die Hörschwelle solange nicht, wie die Funktion zerstörter Zilien noch von benachbarten intakten übernommen werden kann. Erst bei fortschreitender Zerstörung von Zilien ist ein Hörverlust durch eine audiometrische Messung (Hörtest) erkennbar.

3. Störungen des Hörvorganges und Krankheiten des Ohres

Im Prinzip funktioniert der Hörvorgang so ähnlich wie eine Lichterkette beim Weihnachtsbaum (Reihenschaltung). Nur wenn alle einzelnen Lampen, die Kabel, die Kontakte und der Stecker funktionsfähig sind, brennt das Licht. Ist irgendwo der Stromfluss unterbrochen, weil eine Lampe kaputt oder lose geschraubt ist, dann brennt kein Licht mehr. Genauso beim Hören: tritt an irgendeiner Stelle im Ohr eine Störung auf, so ist die Schallleitung unterbrochen, und es ist kein Hören mehr möglich oder der Höreindruck ist stark gedämpft.

Im Prinzip... funktioniert das Ohr wie eine Weihnachtsbaumbeleuchtung!

Hörverlust ist nicht gleich Hörverlust. Man unterscheidet zwei Arten. Je nachdem, wo der Fehler liegt, spricht man von Schallleitungs- oder Schallempfindungs-Hörverlust. Zur Erklärung rufen wir uns noch einmal den Hörvorgang kurz ins Gedächtnis. Die auf das Trommelfell treffenden Schallwellen versetzen es in Schwingungen. Die Gehörknöchelchen übertragen diese Schwingungen auf das Innenohr. Den gesamten Vorgang bezeichnet man als Schallleitung. Wenn auf der Strecke, über die der Schall geleitet wird, eine Störung vorliegt spricht man von einem Schallleitungs-Hörverlust.
Sind dagegen die Hörsinneszellen krankhaft verändert, spricht man von einem Schallempfindungs- oder Innenohr-Hörverlust.

Beethoven war auf Grund einer Otoskleroseerkrankung stark schwerhörig. Die Schallleitung wurde innerhalb der Gehörknöchelchenkette durch Knochenverwachsungen unterbrochen.

*Ludwig van Beethoven (1770–1827)
Einer der bedeutendsten Musiker*

*Durch einen Trick konnte Beethoven trotzdem hören. Er biss auf seinen Gehstock und klemmte diesen auf das Holz seines Flügels.
Der Schall nahm nun folgenden Weg:
Flügel, Stock, Zähne, Kiefernknochen, Schädel, Innenohr.
Somit wurde das kaputte Mittelohr überbrückt.*

Die Schallleitung entspricht nun eher einer elektrischen Parallelschaltung statt einer Reihenschaltung.

Reihenschaltung

Ohrmuschel

Trommelfell

Hammer
Amboss
Steigbügel

Schnecke

Hörnerv
Gehirn

Parallelschaltung

Ohrmuschel

Trommelfell

Hammer
Amboss
Steigbügel

Schnecke

Hörnerv

Gehirn

Ein Innenohr-Hörverlust ist im Allgemeinen bei bestimmten Frequenzen stärker ausgeprägt als bei anderen, da in der Regel nicht alle Sinneszellen geschädigt sind. Bei einem Schallempfindungs-Hörverlust werden bestimmte Frequenzen nicht oder nur bei hoher Lautstärke gehört, während beim Schallleitungs-Hörverlust alle Frequenzen etwa gleich schlecht, das heißt leiser gehört werden. Schallempfindungs-Hörgeschädigte hören über Knochenleitung genauso schlecht wie über Luftleitung. Je nach dem, wie ausgeprägt ein Hörverlust ist, wird das klinische bzw. im versicherungstechnischen Sinn entschädigungsrechtliche Bild einer Schwerhörigkeit erreicht.

Im Folgenden werden verschiedene Krankheiten und deren Krankheitsbilder näher erläutert. Dabei erfolgt eine Beschränkung auf solche, nach denen Kinder und Jugendliche in den verschiedenen von uns durchgeführten Projekten am häufigsten gefragt haben.

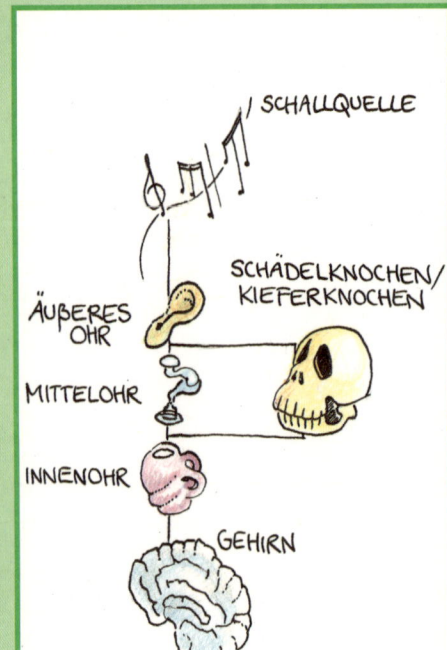

3.1. Hörstörungen durch Störungen der Schallleitung

Cerumen-Pfropf

Bei übermäßiger Absonderung von Ohrenschmalz (Cerumen) kann sich im Gehörgang ein Pfropf bilden, der ihn verschließt. Man hört alles leiser – wie durch Watte.

Durch ständige Reinigungsversuche mit Wattestäbchen wird die Gehörgangshaut gereizt und produziert mehr Cerumen. Das vorhandene Cerumen wird statt entfernt zu werden, nur weiter in den Gehörgang hineingeschoben.

Hals-Nasen-Ohren–Ärzte empfehlen zur Reinigung der Ohren diese nur beim Duschen mit warmem Wasser zu spülen.

Falls dennoch ein Pfropf entsteht, sollte er vom Arzt entfernt werden. Das ist völlig schmerzfrei.

Trommelfellverletzungen

Immer dann, wenn die Luft im Gehörgang ganz plötzlich zusammengedrückt wird (Faustschläge, Ohrfeigen, Explosionen, Kuss aufs Ohr) besteht die Gefahr eines Trommelfellrisses. Aber auch direkte Verletzungen wie das Durchlöchern durch spitze Gegenstände, z. B. durch Zweige, Büroklammern oder Wattestäbchen bei unsachgemäßen Reinigungsversuchen, kommen häufig vor.

Verletzungen des Trommelfells werden von einem stechenden Schmerz begleitet, der jedoch nur kurz andauert. Die eintretende Hörminderung ist zumeist nur leicht. Um Dauerschäden zu vermeiden, muss jedoch sofort ein Arzt aufgesucht werden. Das Loch im Trommelfell wächst nach einer gewissen Zeit wieder zu.

Otosklerose

Es handelt sich bei dieser Erkrankung um eine Wucherung der Knochensubstanz. Der Knochen an der Steigbügelplatte wächst unkontrolliert, bis er unbeweglich eingeschlossen ist, und die Gehörknöchelchenkette den Schall nicht mehr auf das Innenohr übertragen kann.
Es entsteht ein erheblicher Hörverlust, der oft mit Ohrgeräuschen (Tinnitus) einhergeht.
Heutzutage lässt sich diese Erkrankung durch einen operativen Eingriff sehr erfolgreich behandeln.

Tubenkatarrh

Dies ist die häufigste Erkrankung des Mittelohres, welche durch Entzündungen entsteht, die die Ohrtrompete zuschwellen lassen. In Folge dessen wird das Mittelohr nicht mehr belüftet, es entsteht ein Unterdruck in der Paukenhöhle, das Trommelfell kann nicht mehr frei schwingen und überträgt den Schall somit schlechter.
Bei Kindern, die oft erkältet sind oder die unter vergrößerten oder entzündeten Rachenmandeln leiden (Polypen), ist dies eine häufige Erkrankung.

Akute Mittelohrentzündung

Wenn eine Infektion des Nasen- oder Rachenraumes durch die Tube auf das Mittelohr übergreift, kommt es zur akuten Mittelohrentzündung.
Meistens ist nur ein Ohr betroffen. Die Mittelohrentzündung wird von Schwerhörigkeit, starken Ohrenschmerzen, Fieber und Unwohlsein begleitet. In der Paukenröhre entstehen eitrige Absonderungen, die von innen auf das Trommelfell drücken. Bei zu großem Druck kann das Trommelfell platzen und der Eiter fließt ab. Gegebenenfalls beugt der Arzt dem vor und ritzt das Trommelfell leicht auf. Wenn die Mittelohrentzündung schnell behandelt wird (z. B. mit Antibiotika), heilt sie meist problemlos und ohne bleibende Schäden.

Chronische Mittelohrentzündung

Tritt die Mittelohrentzündung immer wieder auf, spricht man von chronischer Mittelohrentzündung. Sie ist verbunden mit eitrigen Absonderungen, weil das Trommelfell durch die zahlreichen Entzündungen mit der Zeit durchlöchert wurde. Die Schleimhauteiterungen können die Gehörknöchelchen und große Teile der Paukenhöhle zerstören. Ovales und rundes Fenster können mit Narbengewebe überwuchert werden, und die Ohrtrompete kann infolge der Veränderungen im Mittelohr dauernd undurchlässig werden. Zudem können für das Innenohr giftige Substanzen in das Innenohr gelangen und Haarzellen zerstören. Obwohl die Infektion in der Regel weniger Schmerzen verursacht, geht sie meist mit einem Hörverlust von bis zu 60 dB einher.

Egal aus welchem Anlass: Schmerzen sind immer ein Warnsignal des Körpers.
Treten wir auf eine Reiszwecke, schneiden uns mit dem Messer oder fassen auf eine heiße Herdplatte – wir verspüren Schmerzen, die uns veranlassen, im Vorgang inne zu halten, um den Schaden zu begrenzen. Immer dann, wenn Schmerzen auftreten erleidet der Körper Schaden.

Instinktiv halten sich kleine Kinder bei hohem Lärm die Ohren zu.
In Diskotheken, wo oftmals die Schmerzgrenze überschritten wird, haben die Besucher diesen Instinkt oft abgeschaltet.

Aber trotzdem – ob wir wollen oder nicht – immer dann, die Schmerzgrenze erreicht wird, schreien uns mit diesen Schmerzen unsere Hörzellen buchstäblich ins Gewissen „wir gehen zu Grunde" – leider für immer.

Wir machen ein Gedankenexperiment: Wir rollen die Schnecke auseinander und stellen sie aufrecht: Sie soll nun ein Hochhaus mit 20 Etagen darstellen. Im Treppenflur liegt ein roter Teppich, über den die Bewohner zu ihren Wohnungen gelangen. Wo wird der Teppich zuerst abgenutzt sein?
Natürlich in der untersten Etage, denn dort müssen ja alle vorbeilaufen, egal wo sie wohnen.

oben: viiiel sauberer!

unten: ganz schön schmutzig!

Ein ähnlicher Effekt ist bei den Sinneszellen zu beobachten. Daher nennt man ihn auch den „Treppenläufereffekt". Die sich am Eingang der Schnecke befindenden Zilien (hohe Töne) werden mehr beansprucht, als die an der Spitze (tiefe Töne).
Daher treten auch im Alter vermehrt Höreinbußen im oberen Frequenzbereich auf.

3.2. Hörstörungen durch Störung der Schallempfindung

Hörsturz

Innerhalb kurzer Zeit verschlechtert sich das Gehör (meist ist nur ein Ohr betroffen) dramatisch, oft begleitet von Ohrensausen. Die Ursachen können vielfältig sein. Stress und große Lärmbelastung sind zwei der wesentlichsten Ursachen. Man kann sich den Hörsturz als einen „Infarkt im Ohr" vorstellen.
Bei den oben beschriebenen Symptomen sollte sofort ein Facharzt aufgesucht werden. Es besteht die Gefahr eines bleibenden Hörverlusts.

Tinnitus

Unter Tinnitus versteht man Pfeifen, Brummen oder ähnliche Geräusche, die im Ohr oder dem nachgeschalteten Nervensystem entstehen. Wenn man länger als 2-3 Tage unter derartigen Geräuschen leidet, sollte man den Arzt aufsuchen. Innerhalb der ersten 2-3 Wochen werden die Heilungschancen als relativ gut eingeschätzt.
Als Ursache für Tinnitus gilt wie beim Hörsturz auch starker Lärm und Stress. Tinnitus tritt z. B. häufig nach dem Hören von lauter Musik auf.

Altersbedingter Hörverlust

Junge Menschen hören in einem Frequenzbereich von 20 bis 20.000 Hz. Mit zunehmenden Alter lässt das Hörvermögen vor allem bei höheren Frequenzen nach. Dieser Hochtonverlust beginnt schon im Alter von etwa 20 Jahren. Der Hörverlust scheint ein normaler Alterungsprozess zu sein, nach neuen Erkenntnissen kann diese Altersschwerhörigkeit (Presbyacusis) jedoch auch anthropogene Ursachen haben. Dazu gehören zivilisationsbedingte Einwirkungen wie Lärm, Giftstoffe, Medikamente, Ernährung und Lebensweise. Vergleichende Untersuchungen an Naturvölkern ließen bei Gleichaltrigen ein besseres Hörvermögen erkennen als bei Vergleichspersonen aus Industriegesellschaften. Altersschwerhörigkeit ist somit das Resultat aller für das Ohr schädlichen Einwirkungen während des ganzen Lebens.

Lärmschwerhörigkeit

Unser Hörorgan hat für seinen komplizierten Aufbau viele Millionen Jahre der Entwicklung gebraucht. Es reagiert auf die kleinsten akustischen Reize, die gerade oberhalb der Hörschwelle liegen. Die obere Belastungsgrenze ist eigentlich schon bei lautem Schreien erreicht. Alles, was lauter ist, führt – zunächst nur vorübergehend – zu einer Schädigung, also zu einer Hörminderung. Die vorübergehende eingeschränkte Hörminderung wird als zeitweilige Vertäubung bezeichnet (man hat das Gefühl, als ob man Watte in den Ohren hat). Bei seltener kurzzeitiger Exposition gegenüber hohen Lautstärken, können sich die Sinneszellen nach ausreichender Ruhepause wieder erholen.
Sind die empfindlichen Zellen im Innenohr jedoch über lange Zeit und wiederholt schädlichem Lärm ausgesetzt,

gehen sie in Folge stoffwechselbedingter Erschöpfung zu Grunde, was mit einer Verschlechterung des Hörvermögens einhergeht. Die Folge ist eine dauerhafte Hörschwellenverschiebung.
Bei sehr hohen Schallpegeln oberhalb der Schmerzgrenze – also ab ca. 120 dB – können die Hörzellen schon nach einmaliger bzw. sehr kurzer Einwirkzeit Schaden erleiden.
Einmal zerstörte Hörzellen können sich weder regenerieren, noch können sie ersetzt werden.
Ein solcher Hörverlust ist somit zeitlebens.

Eine zeitweilige Vertäubung oder vorübergehenden Tinnitus als Reaktion des Ohres auf übermäßige Schallbelastung, kann man mit einem Sonnenbrand der Haut vergleichen.
So wie die Haut sich nach einem Sonnenbrand wieder regeneriert, erholen sich auch die Hörzellen wieder. Das heißt, die Vertäubung geht wieder zurück. (Es sei denn die Hörzellen sind durch Schall oberhalb der Schmerzgrenze unmittelbar mechanisch zerstört worden.)
Summieren sich derartige Ereignisse, bleiben die Folgen nicht aus. Im Falle der Haut: Sie altert schneller – im schlimmsten Fall entsteht Hautkrebs.
Ähnlich bei den Ohren: Die Hörzellen altern beschleunigt und im schlimmsten Fall bezahlt man den Lärm mit einer bleibenden Schwerhörigkeit.

Lärmschädigungen sind sowohl vom Schalldruckpegel, als auch der Einwirkungsdauer abhängig. Je höher der Schalldruckpegel, desto kürzer die Expositionsdauer bis zur Schädigung und umgekehrt, je länger die Beschallungszeit, desto geringere Schalldruckpegel reichen zur Schädigung aus.
Als Faustregel gilt allgemein: Bei längerer und häufiger Einwirkzeit von Schalldruckpegeln von mehr als 85 dB(A) kann es zu Schädigungen des Gehörs kommen. Es gilt das Prinzip der Energieäquivalenz.
Aufgrund des logarithmischen Zusammenhangs (Siehe Kapitel 1.5.) entspricht eine Verdoppelung/Halbierung der Schallintensität einem Anstieg/Abfall des Schalldruckpegels um 3 dB. Eine Verdoppelung der Einwirkzeit ist deshalb genauso zu betrachten, als ob ein um 3 dB höherer Schalldruckpegel nur die Hälfte der Zeit einwirken würde.
Dies ist wichtig zu wissen – denn eine Reduzierung des Pegels in Diskotheken um nur 3 dB würde die auftreffende Schallenergie halbieren. Laut dem Prinzip der Energieäquivalenz könnten sich die Jugendlichen bei gleich bleibendem Risiko die doppelte Zeit dort aufhalten.

Nachfolgende Graphik soll diesen Sachverhalt verdeutlichen.

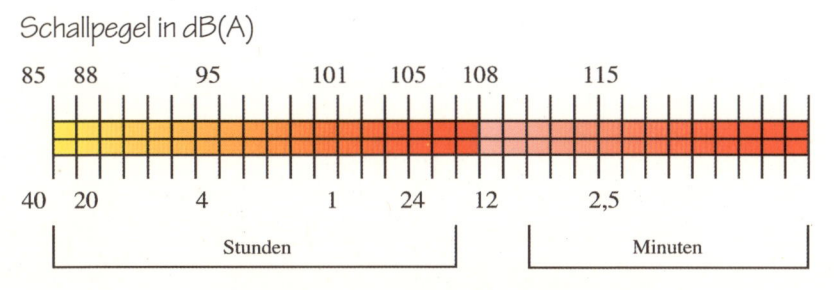

Schallpegel in dB(A)

85	88	95	101	105	108	115
40	20	4	1	24	12	2,5

Stunden | Minuten

Zulässige wöchentliche Einwirkungszeit

In der heutigen Zeit erleiden Jugendliche immer häufiger einen Hörsturz, oft auf Konzerten oder Diskotheken infolge stark überhöhter Lautstärken.

Ein lärmbedingter Hörverlust beginnt meist mit der sogenannten c5-Senke.
Diese liegt im Frequenzbereich um die 4.000 Hz.
Bei fortdauernder Beschallung wird der Frequenzbereich der Hörminderung immer mehr ausgeweitet.
Damit können die entsprechenden Frequenzen sehr viel schlechter gehört werden, weil sie nur noch an anderen Stellen der Schnecke abgeschwächt „nebenbei mitgehört" werden.

Bei hohem Impulsschall fällt zunächst die Hörfahigkeit für hohe Töne aus, weil der vordere Bereich der Schnecke am stärksten geschädigt wird.

Impulsschall tritt z. B. beim Schießen (auch bei Spielzeugpistolen oder Computerspielen), beim Platzen eines Luftballons, bei Silvesterknallern und ähnlichen Knallern auf.

Als Faustregel gilt allgemein: Bei längerer Einwirkzeit von Schalldruckpegeln mit mehr als 85 dB(A) kann es zu Schädigungen des Gehörs kommen, wenngleich es erhebliche Unterschiede in der individuellen Empfindlichkeit gibt.

Bezogen auf die Schalldruckpegel, die gewöhnlich in einer Diskothek erzeugt werden, würde der Zusammenhang so aussehen: Bei einem Schalldruckpegel von 105 dB(A) – so, wie er in Diskotheken durchaus üblich ist, reichen bereits 24 Minuten für eine mögliche Schädigung aus, um langfristig dieselbe Schädigung hervorzurufen, wie 102 dB(A) in 48 Minuten oder 95 dB(A) in 240 Minuten (4 Stunden).

In diesem Zusammenhang ist es noch wichtig zu wissen, dass eine Reduzierung des Musikschallpegels um 3 dB zwar mit einer Halbierung der Schallenergie einhergeht, nicht aber mit einer Halbierung der empfundenen Lautstärke. Diese wird bei einer Verminderung um 3 dB als „etwas leiser" eingestuft und erst bei einer Verminderung um 10 dB (ein Zehntel der Schallenergie) als etwa halb so laut empfunden.

Es wird angenommen, dass die Hörsinneszellen durch eine ständige Überbelastung in Folge überhöhter Schallbelastung nicht mehr ausreichend mit Sauerstoff und Nährstoffen versorgt werden, wodurch es zu Stoffwechsel-Mangelzuständen kommt. Bei längerer Dauer verkümmern die Zellen aufgrund der Unterversorgung oder sterben sogar ab.

Bei Sauerstoffmangel schalten die Haarzellen auf anaerobe Energiegewinnung (Gärung) um. Bei diesem Vorgang entsteht als Schlackenstoff Milchsäure, die das Zellmilieu ansäuert. Man geht davon aus, dass hierauf der Zellkern zunächst aufquillt und letztlich zerplatzt.

Hohe Schallpegel führen außerdem zu einer Verengung der Blutgefäße. Das bedeutet, dass trotz erhöhter Belastung und darauf folgendem höheren Bedarf weniger Sauerstoff und Nährstoffe die Zilien erreichen.

Gibt es genügend lange Lärmpausen, können wieder genügend Glukose und Sauerstoff herbeigeschafft werden, so dass sich die Zellen erholen können.

Bei Lautstärken oberhalb von 120 dB(A) können die Zilien direkt mechanisch geschädigt werden – sie brechen oder knicken ab. Bei Lautstärken oberhalb von 150 dB(A) kann das Trommelfell platzen oder reißen und die Gehörknöchelchen können in ihrer Aufhängung sowie an ihren Verbindungsgelenken Schaden erleiden.

3.3. Kurzdarstellung - Was alles die Sinneszellen schädigen kann

Risikofaktoren vor der Geburt
- Chromosomendefekt
- Erkrankung der Mutter (Röteln, Toxoplasmose, HIV)

Risikofaktoren während der Geburt
- Frühgeburt
- Sauerstoffmangel
- Unterzuckerung
- Neugeborenengelbsucht
- Infektionen durch Ansteckungen im Geburtskanal

Risikofaktoren nach der Geburt
- Infektionen z. B. Mittelohrentzündung, Blutvergiftung, Hirnhautentzündung, Mumps, Masern
- „Ohrgiftige" (ototoxische) Medikamente
- Unfälle: Schädel-Hirn-Trauma (Sturz), Misshandlungen (Schläge, Schütteln),
- Lärmtrauma (z. B. Spielzeugpistolen)
- Schallpegel oberhalb 85 dB(A)

Probleme mit Lärm?
Wo kann man nachfragen?

DAL Deutscher Arbeitsring für Lärmbekämpfung
www.dalaerm.de

Deutscher Schwerhörigenbund
www.schwerhörigkeit.de

Gesellschaft für Lärmbekämpfung
www.gfl-online.de

Tinnitusliga
www.tinnitus-liga.de

Umweltbundesamt
www.umweltbundesamt.de

Unabhängiges Institut für Umweltfragen (UfU e.V)
www.ufu.de

VCD – Verkehrsclub Deutschland
www.vcd.org/

Robert Koch
(1843–1910)

Der Bakteriologe Robert Koch prophezeite: „Eines Tages wird der Mensch den Lärm ebenso bekämpfen müssen wie Pest und Cholera"

Beim Gehörschutz reicht die Palette von einfachen Ausführungen für wenige Cent bis zu speziell angepassten Gehörschützern für mehrere 100 EUR. Musiker einer Band, die oft hohen Lautstärken ausgesetzt sind, sollten überlegen, wie viel ihnen ihre Ohren wert sind und in speziell für Musiker entwickelte Gehörschützer investieren.

Die meisten Stars der Musikszene benutzen heutzutage Gehörschutz.

4. Schutz vor Lärm

Der beste Schutz vor Lärm ist die Lärmvermeidung. Doch dies ist nicht immer möglich. Nachfolgend sind die wichtigsten Schutzmöglichkeiten aufgelistet:

- Direkter Schutz der Ohren durch speziellen Ohrschutz:
  Gehörschutzstöpsel, Gehörschutzwatte, Kopfhörer oder im einfachsten Fall – Ohren zuhalten (einfache Watte bietet keinen wirksamen Schutz)

- So weit wie möglich von der Lärmquelle entfernen:
  In der Diskothek oder bei Konzerten nicht direkt vor den Boxen stehen!

- Zeit der Schalleinwirkung möglichst kurz halten!

- Pausen einhalten:
  Ruhezonen aufsuchen, nach einer lauten Veranstaltung den Ohren Ruhe gönnen!

  Faustregel: mindestens die doppelte Stundenzahl Ruhe!

  Nicht mehrere Tage hintereinander lautstarke Veranstaltungen besuchen!

- Lärmintensives Verhalten vermeiden!
  Niemanden ins Ohr schreien,
  Vorsicht beim Gebrauch von lärmintensiven Geräten!
  Gezielt lärmarme Geräte auswählen,
  Walkman bzw. Discman mit Schallpegelbegrenzer benutzen!